U0229460

扣件式钢管模板支撑体系

刘 莉 孙 丽 著

中国建筑工业出版社

图书在版编目（CIP）数据

扣件式钢管模板支撑体系 / 刘莉，孙丽著. — 北京：
中国建筑工业出版社，2016.12
ISBN 978-7-112-20140-2

Ⅰ. ①扣… Ⅱ. ①刘… ②孙… Ⅲ. ①脚手架-施
工技术 Ⅳ. ①TU731.2

中国版本图书馆CIP数据核字（2016）第295571号

本书共分9章，主要内容包括：绪论；扣件式钢管模板支撑体系单根立杆加载试验研究；扣件式钢管模板支撑体系可调支托试验研究；扣件式钢管模板支撑体系可调支托有限元分析；扣件式钢管模板支撑体系稳定性研究；高支模体系有限元模型建立；混凝土浇筑顺序对高支模体系影响；剪刀撑布置位置对高支模体系影响；高支模体系失稳破坏有限元分析。

本书可供土木工程施工技术研究工作者和工程技术人员阅读，也可作为高校土木工程专业师生的参考书。

责任编辑：杨 杰
责任设计：谷有稷
责任校对：陈晶晶 李欣慰

扣件式钢管模板支撑体系
刘 莉 孙 丽 著

*

中国建筑工业出版社出版、发行（北京海淀三里河路9号）
各地新华书店、建筑书店经销
北京佳捷真科技发展有限公司制版
廊坊市海涛印刷有限公司印刷

*

开本：787×1092毫米 1/16 印张：8 字数：200千字
2016年12月第一版 2016年12月第一次印刷
定价：**39.00**元
ISBN 978-7-112-20140-2
（29622）

版权所有 翻印必究
如有印装质量问题，可寄本社退换
（邮政编码 100037）

前　言

随着建筑功能提高，结构越来越复杂，施工难度也越来越大，其安全事故便时有发生，特别是模板失稳整体坍塌事故近年来在全国各省市内接连发生。此类事故造成施工人员群死群伤，这不但给事故伤亡人员家庭带来了巨大痛苦，同时也给国家财产带来了巨大损失，并在社会上造成了不良的影响。针对这种情况，2008 年国家发布实施了《建筑施工模板安全技术规范》（JGJ 162—2008）。从全国范围内来看，已经发生的模板坍塌事故，绝大部分是在混凝土浇筑的过程中发生坍塌，分析事故的主要原因都是模板支撑体系整体失稳造成的。

本书作者从 20 世纪 90 年代起从事模板体系研究，参与《建筑施工模板安全技术规范》（JGJ 162—2008）编写工作。为了进一步修订该规范，同时为施工方案设计提供依据，近年来进行了模板支撑体系的试验研究和有限元分析。本书共分九章，第 1 章绪论，介绍了扣件式模板支撑体系的构成；第 2 章扣件式钢管模板支撑体系单根立杆加载试验研究，分析了立杆及水平杆受力机理，确定架体薄弱部位；第 3 章扣件式钢管模板支撑体系可调支托试验研究，得到可调支托伸出长度限值；第 4 章扣件式钢管模板支撑体系可调支托有限元分析，得到可调支托伸出长度限值；第 5 章扣件式钢管模板支撑体系稳定性研究，在单根加载基础上，拓展为整体加载，分析架体受力性能；第 6 章高支模体系有限元模型建立；第 7 章混凝土浇筑顺序对高支模体系影响，分析了非对称浇筑将在混凝土浇筑过程中使架体产生较大位移，易引发架体失稳，施工过程中应采用对称浇筑；第 8 章剪刀撑布置位置对高支模体系影响，得出剪刀撑布置于梁下，虽然加大间距，承载力仍高于布置于剪刀撑板下；第 9 章高支模体系失稳破坏有限元分析，分析了剪刀撑数量及位置对架体失稳破坏的影响。

硕士生程海斌、何宝琛、王芳、王博参与本书部分章节撰写，沈阳建筑大学赵亮、贾世龙、吴潜，硕士研究生张庭郡、朱耀坤也为本书撰写作出贡献，在此一并向他们表示由衷的感谢！

感谢辽宁省自然科学基金项目（大跨空间高大模板体系受力性能及稳定控制研究 201602617）对本书提供支持。

特别感谢恩师沈阳建筑大学张健教授生前对我的教导和帮助，同时感谢张教授对本书研究成果作出的巨大贡献，谨以本书出版向恩师张健教授致敬！

本书撰写过程中得到各位施工技术前辈和同仁的大力支持，书中也借鉴了他们的研究成果，限于篇幅，参考文献未能一一列出。由于作者水平有限，书中难免有谬误和不妥之处，敬请工程学术界的各位同仁不吝赐教指正。

目　　录

第1章　绪　论

近几十年来，随着我国建筑事业取得了巨大进步，基础设施的需求量也越来越大，全国在基础设施方面的投入也逐年递增。模板工程是建筑施工过程中的一个重要组成部分。常用的模板支撑体系包括扣件式钢管模板支撑体系、门式钢管模板支撑体系、碗扣式钢管模板支撑体系等。其中，扣件式钢管模板支撑体系是模板支撑体系中应用最为广泛和普遍的，因其具有架设与拆除方便灵活、较强的适应性、较高的承载力、良好的经济性等优点，已在模板支撑体系中占有主导地位。

1.1　扣件式钢管模板支架的组成

扣件式钢管模板支架和脚手架是采用相同的构配件搭设的，使用目的不同的两种临时性钢结构支撑体系，其架体的构件组成基本相同，在力学性能和构造要求等方面也有许多相似之处。

1. 面板

面板是直接接触新浇混凝土的承力板。包括拼装的板和加肋楞带板。面板的种类有钢、木、胶合板、塑料板等。

2. 支架

支架是支撑面板用的楞梁、立柱、连接件、斜撑、剪刀撑和水平拉条等构件的总称。

3. 连接件

连接件是面板与楞梁的连接、面板自身的拼接、支架结构自身的连接和其中二者相互间连接所用的零配件。包括卡销、螺栓、扣件、卡具、拉杆等。

4. 小梁

小梁是直接支承面板的小型楞梁，又称次楞或次梁。

5. 主梁

主梁是直接支承小楞的结构构件，又称主楞。一般采用钢、木梁或钢桁架。

6. 支架立柱

支架立柱是直接支承主楞的受压结构构件，又称支撑柱、立柱。

7. 模板体系（简称模板）

模板体系是由面板、支架和连接件三部分系统组成的体系，也可统称为“模板”。

关于模板体系中杆件材料的选择，德、日、英等外国几十年的工程实践证明了直径为48mm的钢管具有使用性能好、承载能力高等特点。目前，在各国的标准中均规定采用$\phi48 \times 3.5$的无缝钢管或焊接钢管；通过试验研究表明，支撑体系的承载能力是由稳定条件控制的，其整体失稳时临界应力一般低于100N/mm^2，采用高强度钢材不能充分发挥其强度。所以，在我国有关脚手架和模板支架的现行规范中提出：为保证模板结构的承载能力，防止在一定条件下出现脆性破坏，应根据模板体系的重要性、荷载特征、连接方法等不同情况，选用适合的钢材型号和材性，且宜采用Q235钢和Q345钢。推荐采用外径为48mm和壁厚为3.5mm的焊接钢管，每根钢管的最大质量不应大于25kg，每根钢管最大长度不宜超过6.5m，以方便工人搬运。钢材应符合现行国家标准《碳素结构钢》（GB/T 700—2006）、《低合金高强度结构钢》（GB/T 1591—2008）的规定。

1.2　扣件式钢管模板支架与脚手架的区别

虽然模板支架和脚手架都由相同的扣件和杆件等组成，但两者在构造、计算方法、施工部署等方面均存在一定的差异。目前，关于模板支架的设计计算及构造措施等内容在《建筑施工扣件式钢管脚手架安全技术规范》（JGJ 130—2011）中有所涉及，并且在该规范中只占很少的篇幅，容易使相关人员忽略两者的差别。相比普通的单、双排脚手架，一般的模板支架至少在以下几方面存在显著的特点：

（1）一般情况下，模板支架不设连墙件；其荷载一般只作用在顶部。同一般的以轻质高强为特点的钢结构一样，在扣件抗滑力有保证的情况下，扣件式钢管脚手架和模板支架的承载力主要是由稳定性控制的。

（2）在一般情况下，扣件式钢管模板支架在平面布置上远多于两排。

（3）脚手架在纵向可以有若干排，但在横向只有一排或两排，纵向刚度远远大于横向刚度，纵向一般不设置连墙件，整体失稳肯定发生在横向，因此连墙件必须在横向设置，对脚手架横向整体稳定性起到约束作用。换句话说，连墙件的设置是一项提高脚手架稳定承载能力的最有效而且最重要的构造措施。而模板支架在横、纵两个方向均有若干排，其整体失稳一定发生在排数较少的方向。但在一般情况下，模板支架很难在纵横两个方向设置像脚手架一样的能与已施工结构进行可靠连接的连墙件。所以，模板支架的整体稳定性比脚手架的稳定性要差，特别是对高度较高、荷载较大的高支模来说，其整体稳定性会更差。

鉴于扣件式脚手架的试验研究和理论分析均比扣件式钢管模板支架更加完善和丰富，并且在实际工程中模板支架安全事故发生的频率远比脚手架高的事实，在区分这两种体系异同点的基础上，来完善扣件式钢管模板支撑体系的设计计算和构造措施，有利于减少施工安全事故发生。

1.3　扣件式钢管模板体系倒塌事故

1.3.1　典型模板体系事故案例

随着建筑功能提高，结构越来越复杂，施工难度也越来越大，其安全事故便时有发生，特别是模板失稳整体坍塌事故近年来在全国各省市内接连发生。此类事故造成施工人员群死群伤，这不但给事故伤亡人员家庭带来了巨大痛苦，同时也给国家财产带来了巨大损失，并在社会上造成了不良的影响。针对这种情况，2008年国家发布实施了《建筑施工模板安全技术规范》（JGJ 162—2008）。从全国范围内来看，已经发生的模板坍塌事故，绝大部分是在混凝土浇筑的过程中发生坍塌，分析事故的主要原因都是模板支撑体系整体失稳造成的。

2000年10月25日由南京三建（集团）有限公司承建的南京电视台演播中心工程的大演播厅舞台在浇筑顶部混凝土过程中，因为模板支撑系统失稳，大演播厅屋盖坍塌，造成正在现场施工的民工和电视台工作人员6人死亡，35人受伤，直接经济损失70.7815万元。

2002年2月8日对已搭设完毕的某大桥支撑体系进行荷载试验，检验其承载能力以备浇筑混凝土施工。由于此支架在加荷过程中没有严格按照自大桥两岸向中间对称加载的方法，当大桥一端因加载的砖块未到，另一端人员却继续加载，从而使桥身负荷偏载，重心偏移，立杆弯曲变形，当加载至设计荷载的90%时，架体失稳整体坍塌，造成3人死亡，7人受伤的重大事故。

2002年7月25日，某大学新校区歌剧院施工中，在浇筑净跨18m、净高21.8m屋面结构混凝土时，发生坍塌事故，造成4人死亡，20人受伤。

2003年2月18日，浙江省杭州市UT斯达康杭州研发生产中心工程施工中，在浇筑结构高度为28.1m、净跨24m门厅混凝土时，发生模板支架坍塌，造成13人死亡，17人受伤的重大伤亡事故。

2004年1月15日，南京赛虹桥立交桥施工，当施工人员在立交桥东延中华门段高架桥浇筑水泥桥面时，近百米的桥面突然发生支模架整体坍塌，造成正在施工的数十名工人受伤。

2005 年 9 月 5 日，北京“西西”工程 4 号地项目中厅为处于地上 1 ～ 5 层的一个共享空间，该厅堂楼盖面积为 432m^2，预应力空心楼板厚 380mm，最大框架梁截面尺寸达 1000mm × 1800mm，施工线荷载达到 45kN/m。立杆的基本间距 1200mm × 1200mm，步高 1500mm，顶部插可调托，总支模高度为 21.8m。工程施工时扣件式钢管高支模架发生整体坍塌事故，造成施工人员 8 死 21 伤。

2005 年 4 月，南京河西中央公园地下一层支模高度为 6m，施工过程中发生顶板坍塌事故，死 1 人，多人受伤。主要原因是水平杆设置不合理，数量少一半，无剪刀撑，引起连续垮塌，支架整体倾斜。

2006 年 5 月 19 日，沈阳音乐学院大连校区 12 号舞蹈楼五层顶板在施工过程中，发生了楼板坍塌事故（图 1-1），造成 6 人死亡，18 人受伤的重大伤亡事故。

2011 年 10 月 8 日，大连旅顺地下停车场顶板模板坍塌事故（图 1-2），停车场顶板浇筑过程中模板支架瞬间倒塌，导致 13 人死亡，4 人受伤。

图 1-1　沈阳音乐学院大连校区舞蹈楼模板坍塌事故

图 1-2　大连旅顺地下停车场顶板模板坍塌事故

1.3.2　模板体系倒塌事故原因分析

分析事故主要原因有以下几个方面：

1．材料质量原因

（1）钢管规格达不到规范要求

规范要求模板支架所用的钢管规格为 $\phi48 \times 3.5$，而实际施工中使用的钢管外径和壁厚往往都偏小，导致其轴向抗压能力不足。

（2）钢管产生过大的弯曲变形

工程中的钢管经过多次重复使用后，会有明显的变形，但在模板支架计算和设计时，钢管一律视为直钢管，无弯曲变形。这种初始钢管缺陷，使架体易发生局部失稳，引发安全事故。

（3）扣件合格率低

扣件应满足规范规定的抗滑移、抗破坏、抗扭转等性能的要求，而实际工程中所用的扣件很多不符合规范中的要求，合格率较低。

2．设计原因

很多施工单位因为模板支撑体系是临时设施，在搭设时完全凭借经验，而不进行模板强度、刚度和稳定性的验算。而模板支架倒塌的主要原因是架体失稳。若不进行设计和稳定性的验算，很有可能导致模板体系的刚度和稳定性不满足设计要求。另外，模板支架在设计计算时，节点均简化为铰接节点，各杆件交于一点，而模板支架中的钢管是用扣件连接搭设的，钢管受力情况为偏心受力，这将导致实际受力状况与设计计算值存在较大差异。同时，工程实际中钢材锈蚀、磨损、局部弯曲及开焊现象比较普遍。这些因素均导致钢管的实际承载力减小。若施工现场管理不严，则易发生模板支架失稳事故。

3．施工管理方面原因

工程中一些施工技术负责人不恪守职责，在特殊工种施工之前未向操作人员进行安全技术交底，再加上其他一些复杂原因，不可避免地会出现一些不符合施工要求的问题。例如：架体的搭设没有达到技术规范的要求；扣件螺栓的扭紧力矩达不到要求，这将严重影响模板支架的稳定性；没有按照规范要求设置竖向剪刀撑和水平剪刀撑或剪刀撑布置过少，都会导致支架稳定性达不到要求；模板支架上的局部荷载或集中荷载过大，如建筑材料堆放过于集中、预制构件或施工设备等荷载过大，易引起局部杆件失稳，导致架体整体倒塌。此外一些工地管理混乱，某些特种作业出现无证上岗现象，没有对工人进行安全教育。同时，建筑单位对监理单位的监督不到位，监理单位在工程施工阶段没有认真执行自己的任务，对施工单位的执法监督和检查指导不到位，也是造成模板支架倒塌事故的原因之一。

模板支撑体系容易产生整体或局部失稳，造成混凝土浇筑时支架倒塌的工程事故。扣件式钢管支撑体系中高大模板工程更是如此。模板支撑体系由立杆、水平杆、剪刀撑、旋转扣件、直角扣件等组成，当其中部分杆件发生失稳必然影响与其相连接的其他杆件。因此需综合考虑杆件之间的约束作用，对结构进行整体稳定性分析。

第2章　扣件式钢管模板支撑体系单根立杆加载试验研究

针对目前国内在模板工程施工中普遍采用的扣件式钢管模板支撑体系，进行单根立杆承载力的破坏性试验研究。通过不同搭设工况下的模板支撑体系破坏性试验，得出模板支撑体系中立杆的受力变化规律。

2.1　试验概况

本试验研究的对象为扣件式钢管模板支撑体系，对扣件式钢管模板支架中单根立杆进行破坏性研究，通过改变立杆间距、水平拉杆步距，以及是否搭设剪刀撑，考虑不同搭设方式对扣件式钢管模板支架中立杆承载力的影响，通过试验研究掌握扣件式钢管模板支架中立杆的受力机理，为《建筑施工模板安全技术规范》（JGJ 162—2008）修订提供试验依据。主要测试项目：在竖向荷载作用下，扣件式钢管模板支架破坏时的侧向位移、立杆的轴力、剪刀撑的应力、水平拉杆的应力。

为了分析不同立杆间距、水平拉杆步距及剪刀撑设置情况对立杆承载力的影响，进行五种不同工况的试验：

工况1：通过中间受力立杆搭设一道横向剪刀撑，中间受力立杆采用2m杆和4m杆对接，纵距为1200mm，横距为1200mm，步距为1800mm，扫地杆距地面为200mm，立杆顶端伸出水平拉杆100mm。以此为基础，与其他情况相比较。

工况2：通过中间受力立杆搭设纵横向两道剪刀撑，中间受力立杆采用整杆，纵距为1200mm，横距为1200mm，步距为1800mm，扫地杆距地面为200mm，立杆顶端伸出100mm。

工况3：无纵横向剪刀撑，中间受力立杆采用整杆，纵距为1200mm，横距为1200mm，步距为1800mm，扫地杆距地面为200mm，立杆顶端伸出100mm。

工况4：在工况3的基础上将水平拉杆步距改为900mm。通过试验定量分析步距对整架承载力的影响。

工况5：在工况3的基础上将立杆纵横向的间距改为900mm。通过试验定量分析立杆间距对整架承载力的影响。

通过扣件式钢管模板支撑体系立杆破坏性试验来取得以下试验数据：

（1）实测模板支架中受力立杆失稳的临界荷载值。

（2）测得立杆轴力沿立杆通长的分布规律。

（3）测定剪刀撑的应力，分析其受力特点，得出剪刀撑对单根立杆承载力的影响。

（4）测定水平拉杆的应力，分析其受力特点。

2.2　试验加载方案

2.2.1　试验方案

1. 试件与材料性能要求

（1）钢管的规格选用 Φ48 × 3.0，为确保立杆钢管壁厚在 3.0mm 以上，用游标卡尺进行筛选；立杆钢管抗压强度设计值 215N/mm^2，弹性模量 2.06 × 10^{5}N/mm^2。

（2）试验所有直角扣件的拧紧力矩均不小于 40N•m，也不得大于 65N•m，用力矩扳手逐个进行校核。

2. 试验内容

（1）模板支架中立杆的轴力测定

为测定试验过程中立杆的轴力，在立杆的不同部位布置了应变片和传感器，以此来测定试验过程中立杆轴力的变化，应变片和传感器具体布置参见 2.3 节。

（2）模板支架中剪刀撑的应力测定

为测定试验过程中剪刀撑应力变化情况，试验过程中在剪刀撑上布置了测点，试验过程中通过应变片采集的数据，分析试验过程中剪刀撑应力变化情况，探讨剪刀撑受力特点，分析出剪刀撑对单根立杆承载力的影响情况。

（3）模板支架中水平拉杆的应力测定

为测定试验过程中不同位置水平拉杆的应力变化情况，试验过程中在不同位置的水平拉杆上均布置了测点，具体的应变片布置情况可以参见 2.3 节。

2.2.2　试验加载方案

1. 试验预加荷载量分析

根据试验方案，计算出各工况的承载力如下：

单根立杆失稳最大承载力：$N=\varphi Af$=0.473×215×489=49.73kN

单根立杆强度最大承载力：$N=Af=215\times489=105.14$kN

选取规格为 100kN 的千斤顶。

2. 加载制度

采用对中间立杆顶部施加集中荷载的方式加载，千斤顶单点加载，加载制度分为预载阶段和分级加载阶段。

（1）预载阶段：试验过程中需要预加载检验所有测量设备是否工作正常，预加载荷载取值为 5kN。

（2）分级加载阶段：预加载后，经过检验所有测量设备均正常工作后，便可正式施加荷载，施工荷载应分级加载，每级荷载取 6kN；前一级荷载稳定后（加完每级荷载后间歇 5min，确保施加荷载值变化不超过 0.1%，否则，继续间歇 5min），再施加下一级荷载；在到达极限荷载的 80% 时，荷载级差调整至每级 2kN；在结构临近破坏时，密切注意所有仪表读数的变化，并观测试验现象，直至整体结构破坏丧失承载力，停止加载。

3. 试验过程中注意事项：

（1）在试验过程中为确保试验人员的人身安全，避免试验过程中架体坍塌伤及试验人员，在架体顶部对角拉风缆，将架体固定在试验用的反力架上。

（2）试验开始前，用游标卡尺对钢管进行筛选，严格控制钢管的壁厚，并做好相应的记录，测得钢管的几何参数、弹性模量和抗拉强度；测得扣件的几何参数。

（3）架体搭设时，根据上述五种不同工况严格按照相关规范进行搭设。

（4）在架体搭设过程中，严格控制立杆的垂直度和水平拉杆的水平度，用经纬仪及垂球校验。

（5）试验过程中严格控制扣件的拧紧力矩，用力矩扳手进行校对，确保扣件的拧紧力矩值在 40 ～ 65N•mm 之间。

（6）粘贴完毕的应变片和导线注意防潮防晒。

（7）所有测点应编号正确，保证每一测点有唯一的编号与之对应，记录好每一测点在采集板上的通道，确保每一测点在采集板上都有唯一的通道与之对应。

（8）调试仪器，检查各应变片连接通道是否正常工作，调试后确保各仪器工作正常。

（9）严格按照加载制度进行加载。

（10）试验加载过程中，严禁碰到应变片连接线，保证应变片能正常工作。

（11）制定安全措施方案，防止意外事故发生。

2.3　各工况应变片粘贴方案

2.3.1　单根立杆承载力试验对比试验（1）

对比试验（1）：立杆间距 1.2m，水平拉杆步距 1.8m，支设面积 2.4m × 2.4m。扫地杆距地面为 200mm，按纵下横上设置，立杆顶端伸出水平拉杆 100mm。布置一字剪刀撑一道，中间受力立杆用 2m 和 4m 钢管对接。对比试验（1）的平面布置如图 2-1 和图 2-2 所示。

对比试验（1）立杆和水平杆上应变片位置如图 2-3 和图 2-4 所示。

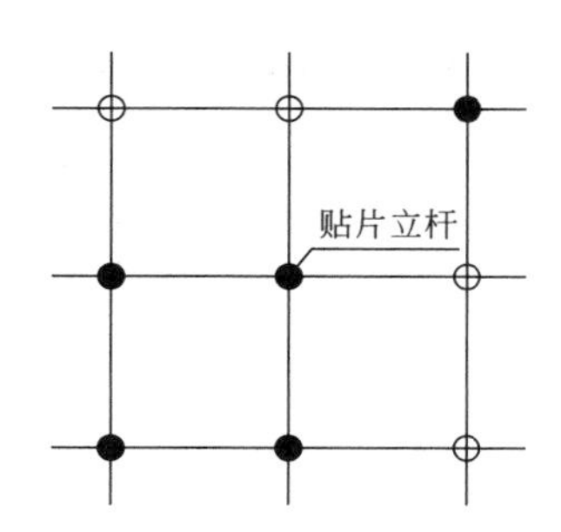

图 2-1　对比试验（1）立杆平面布置图

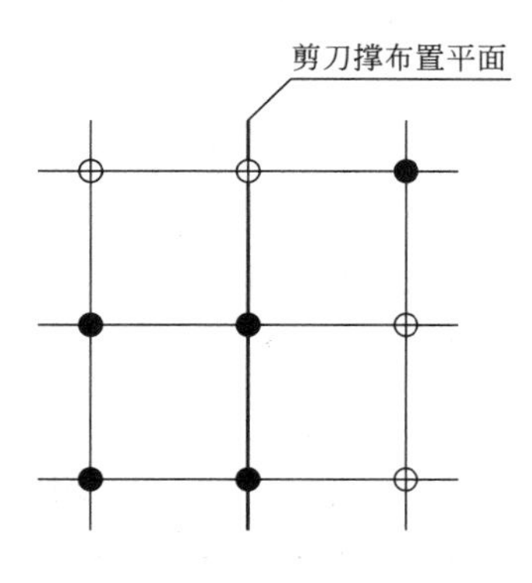

图 2-2　对比试验（1）剪刀撑平面布置图

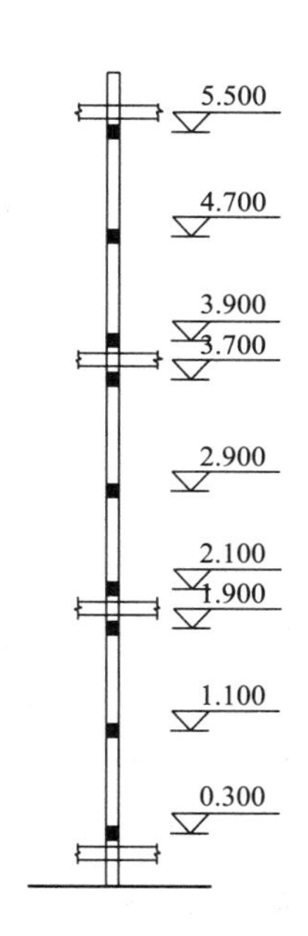

图 2-3　对比试验（1）
立杆应变片位置图

对比试验（1）中水平杆应变片的布置如图 2-5 和图 2-6 所示。

对比试验（1）中剪刀撑上应变片布置详图如图 2-7 所示。

试验过程中所用的反力架和千斤顶实物图如图 2-8 所示，现场粘贴应变片实

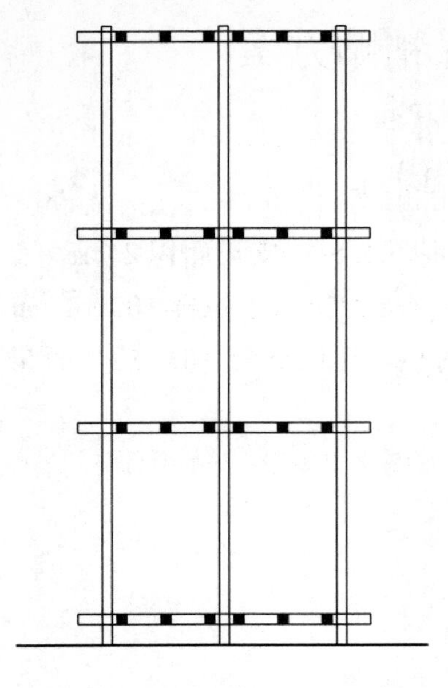

图 2-4　对比试验（1）水平杆应变片位置图

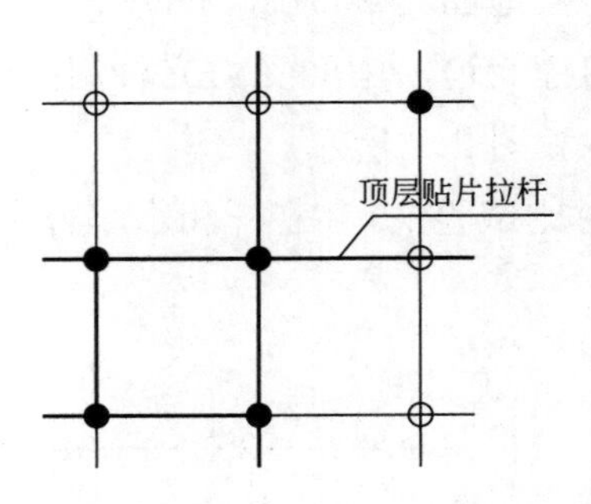

图 2-5　对比试验（1）顶层水平杆贴片图

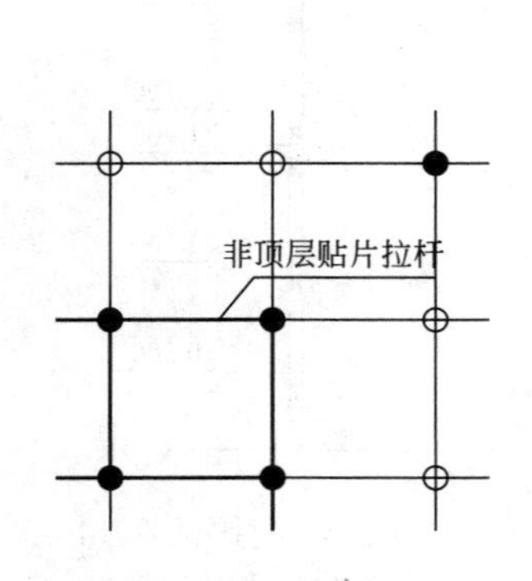

图 2-6　对比试验（1）水平杆非顶层贴片图

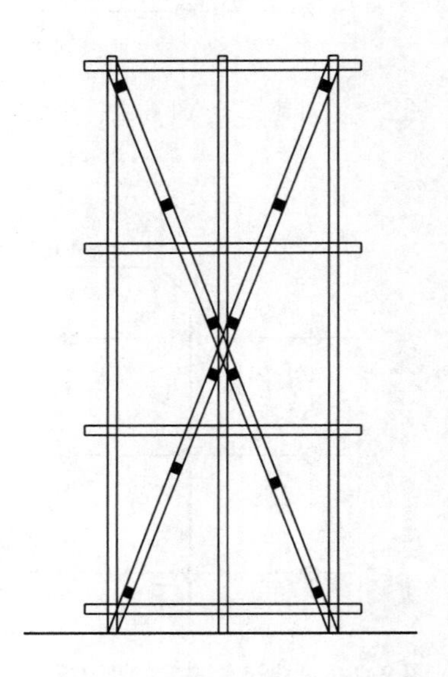

图 2-7　对比试验（1）剪刀撑上应变片布置详图

物图如图 2-9 所示，轴力计现场实物图如图 2-10 所示，应变片及轴力计安装完成后现场实物图如图 2-11 所示。

图 2-8　反力架和千斤顶实物图

图 2-9　现场粘贴应变片实物图

图 2-10　轴力计现场实物图

图 2-11　应变片及轴力计安装现场图

2.3.2　单根立杆承载力试验对比试验（2）

对比试验（2）：立杆间距 1.2m，水平拉杆步距 1.8m；支设面积 2.4m × 2.4m。扫地杆距地面为 200mm，按纵下横上设置，立杆顶端伸出水平拉杆 100mm。以中间立杆为交点设十字交叉两片剪刀撑。中间受力立杆采用 6m 钢管，不对接。

对比试验（2）的平面布置如图 2-12 所示。

对比试验（2）立杆应变片位置同对比试验（1）和水平杆上应变片位置如图 2-13 所示。

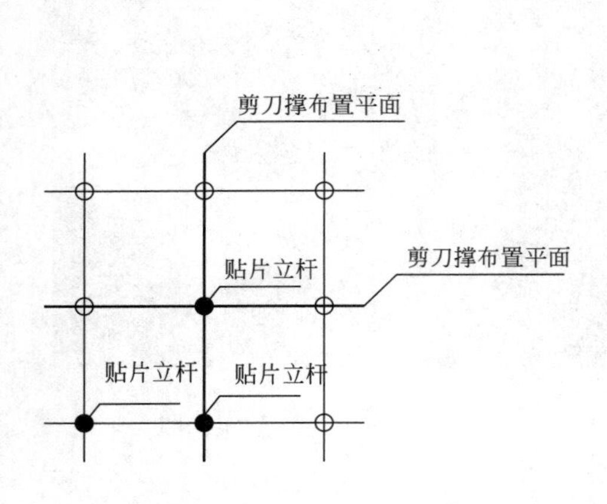

图 2-12　对比试验（2）平面布置图

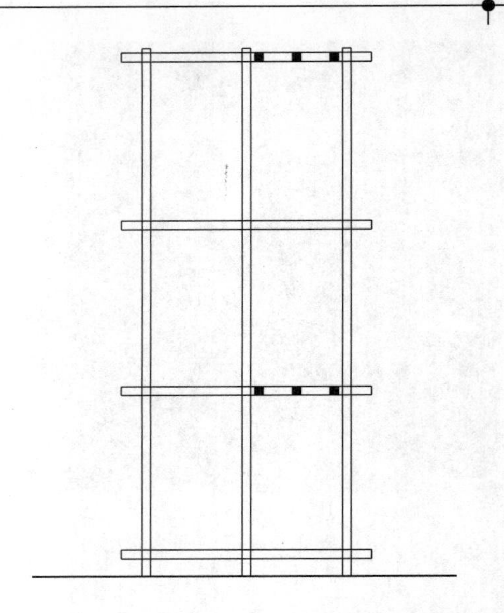

图 2-13　对比试验（2）水平杆应变片位置图

对比试验（2）只在顶层和二层水平拉杆上布置应变片，水平杆应变片的布置如图 2-14 所示。

对比试验（2）中剪刀撑上应变片布置同对比试验（1）。

2.3.3　单根立杆承载力试验对比试验（3）

对比试验（3）：立杆间距 1.2m，水平拉杆步距 1.8m；支设面积 2.4m × 2.4m。扫地杆距地面为 200mm，按纵下横上设置，立杆顶端伸出水平拉杆 100mm。不设置剪刀撑。中间受力立杆不对接。

对比试验（3）的平面布置如图 2-15 所示。

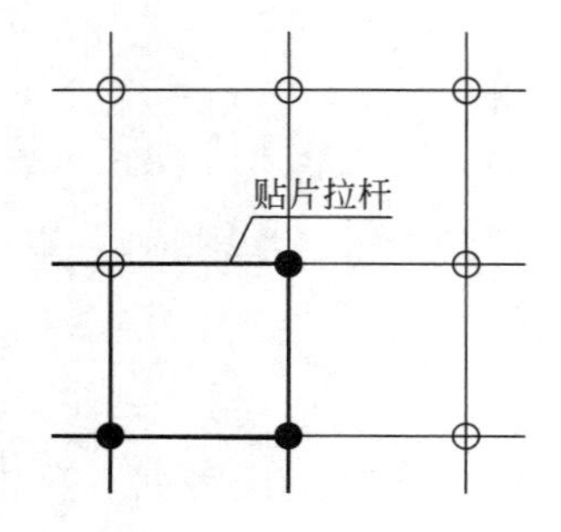

图 2-14　对比试验（2）水平杆贴片图

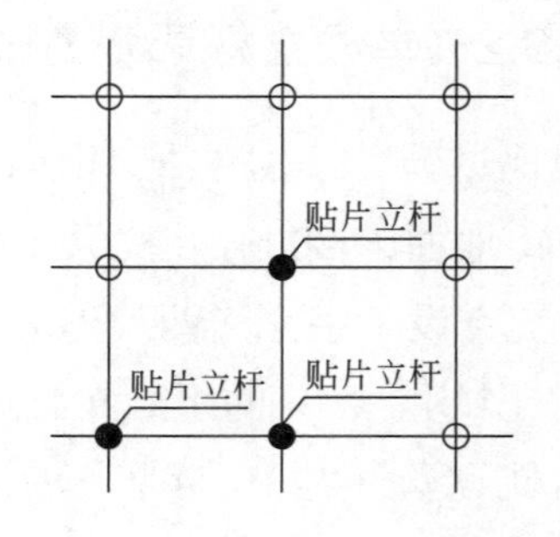

图 2-15　对比试验（3）平面布置图

对比试验（3）立杆和水平杆上应变片位置同对比试验（2）。

对比试验（3）中只在顶层和二层布置应变片，水平杆应变片的布置同对比试验（2）。

2.3.4　单根立杆承载力试验对比试验（4）

对比试验（4）：立杆间距 1.2m，水平拉杆步距 0.9m；支设面积 2.4m × 2.4m。扫地杆距地面为 200mm，按纵下横上设置，立杆顶端伸出水平拉杆 100mm。不设置剪刀撑。中间受力立杆不对接。只在顶层和二层的水平杆上布置应变片，对比试验（4）的应变片布置同对比试验（3）。

2.3.5　单根立杆承载力试验对比试验（5）

对比试验（5）：立杆间距 0.9m，水平拉杆步距 1.8m；支设面积 2.4m × 2.4m。扫地杆距地面为 200mm，按纵下横上设置，立杆顶端伸出水平拉杆 100mm。不设置剪刀撑。中间受力立杆不对接。只在顶层和二层的水平杆上布置应变片，对比试验（5）的应变片布置同对比试验（3）。

2.4　试验研究内容及技术方案

首先根据单根立杆承载力试验测得单根立杆的力学性能，分析出不同搭设情况对立杆承载力的影响，揭示出各杆件在模板支撑体系中的受力机理。在取得的试验数据基础上进行计算机模拟分析，进行拓展研究，由单根立杆的承载力研究拓展为扣件式钢管高支模模板架体整体稳定性承载力的研究，进而形成扣件式钢管高支模架体的整体稳定控制理论。首先通过扣件式钢管模板支撑体系单根立杆承载力试验来测得以下试验数据：

（1）测得模板支架中受力立杆失稳时的临界荷载值。

（2）测得立杆轴力沿立杆通长的分布规律。

（3）测得剪刀撑的应力，探讨其受力特点，得出剪刀撑对单根立杆承载力的影响。

（4）测得水平拉杆的应力，探讨其受力特点。

该试验是扣件式钢管模板支架中立杆的破坏性试验，在试验室内搭设模板支架，并对单根立杆加载，直至架体破坏，在试验过程中各立杆、水平拉杆和剪刀撑上均粘贴了应变片，记录试验过程中各杆件的应力应变情况，并用轴力计记录试验过程中各立杆的轴力变化情况，最终根据取得的试验数据对比分析扣件式钢管模板支架中立杆的受力机理。

试验分析研究后，进行计算机模拟对比分析，并在试验取得的基础数据上进行拓展研究，利用计算机模拟不同的加载方式，通过改变影响因素的方法，分别分析不同条件下的模板受力变化情况，掌握各种因素对模板支撑体系承载力的影响。即通过试验数据研究模板支架中立杆的受力机理，以此为基础，后续结合计算机模拟综合分析扣件式钢管模板的整体稳定性。

2.5 扣件式钢管模板支撑体系立杆受力机理研究

在取得的试验数据的基础上分析扣件式钢管模板支撑体系杆件的受力机理，分析不同搭设情况对于扣件式钢管模板支撑体系承载力的影响，找出扣件式钢管模板支撑体系中杆件的受力变化规律，并给出具体的模板设计要求，并为《建筑施工模板安全技术规范》（JGJ 162—2008）修订提供试验依据。

2.5.1 各工况中杆件及应变片编号

1. 对比试验（1）中杆件编号

在试验过程中对所有杆件进行了编号，用“L”表示立杆，并加上相应的字母或数字来区别不同立杆；水平拉杆有纵向和横向两个方向，“SZ”表示纵向的水平拉杆，用“SH”表示横向的水平拉杆，用数字区分不同层的水平拉杆，例如“SZ2”表示第二层的纵向水平拉杆；“SH2”则表示第二层的横向水平杆；“J”表示剪刀撑，根据十字剪刀撑的不同方向并加上相应的字母或数字来区别不同剪刀撑。下面将详细介绍试验过程中各杆件的具体编号。对比试验（1）中立杆编号如图 2-16 所示，水平拉杆编号如图 2-17 所示，剪刀撑编号如图 2-18 所示。

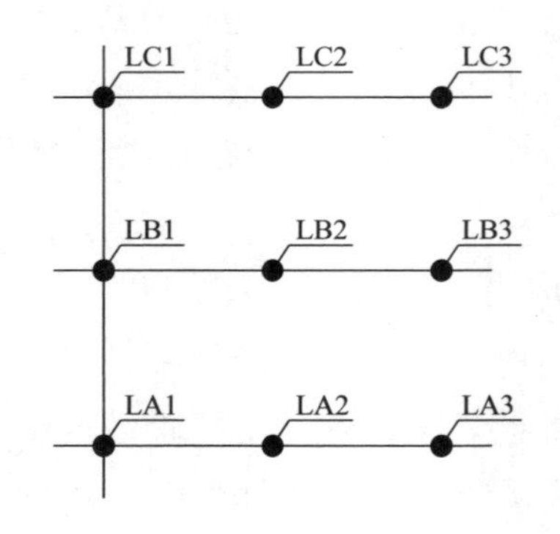

图 2-16 对比试验（1）立杆编号图

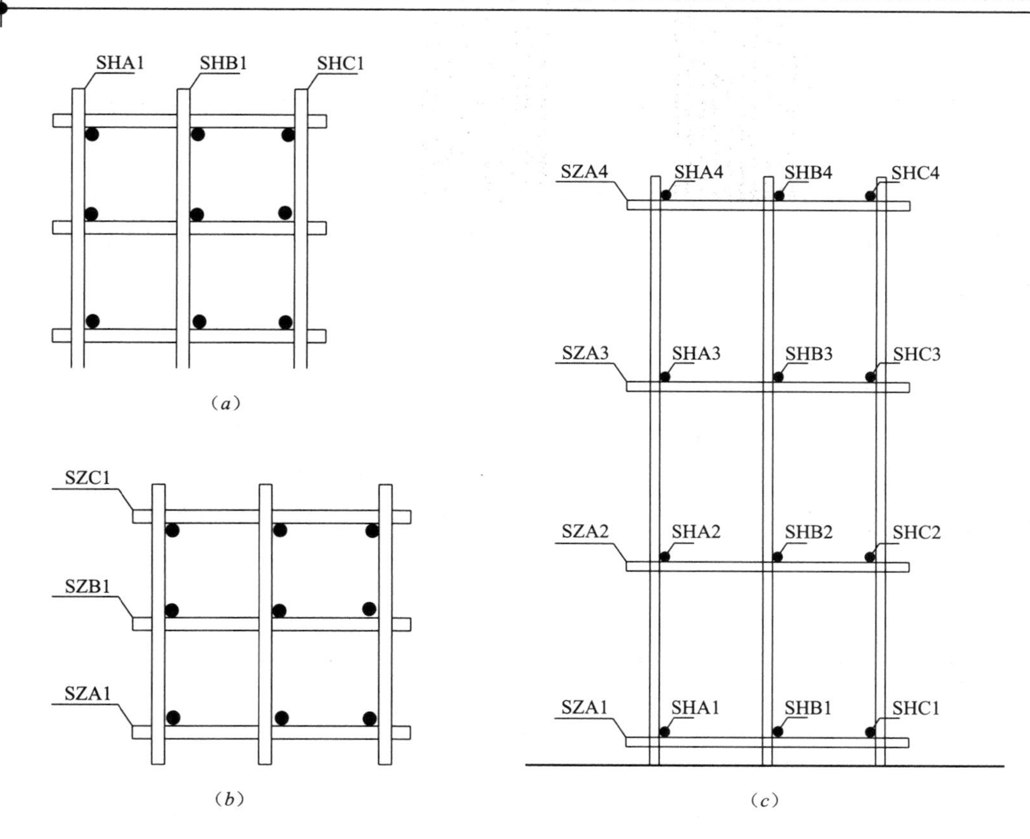

图 2-17　对比试验（1）水平拉杆编号图

（*a*）横向水平拉杆编号平面图；（*b*）纵向水平拉杆编号平面图；（*c*）水平拉杆编号立面图

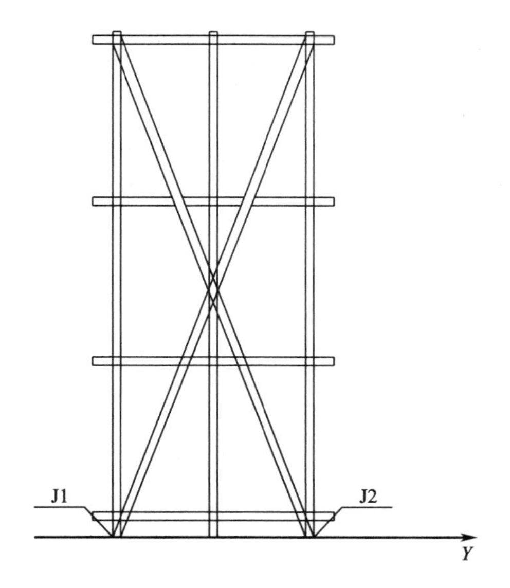

图 2-18　对比试验（1）剪刀撑编号图

2．对比试验（1）中应变片编号

在试验过程中，应变片的编号是在杆件编号基础上，加上表示相应位置的数字来表示的，即立杆上测点的应变片编号是立杆的编号加上相应的位置编号。至于立杆的位置编号是由底层的（1）位置一直到顶层的（9）位置，试验中立杆上有9个测点，分布在三个不同的步距内，每一层步距内三个测点，测点由底层最下面的测点开始由（1）一直到顶步最上面的（9）测点；剪刀撑上的应变片编号是剪刀撑编号加上相应的位置编号，剪刀撑的位置编号与立杆的位置编号类似，由最底层的（1）测点开始，以此类推；水平拉杆上的应变片编号是水平拉杆的编号加上相应的位置编号，位置编号则是规定了相应的“*X*”和“*Y*”坐标轴，由坐标原点出发，在“*X*”和“*Y*”两个坐标轴方向分别由（1）测点开始，之后的编号以此类推。对比试验（1）中应变片详细编号见表2-1～表2-3。

对比试验（1）立杆应变片编号表　　表2-1

布置应变片的立杆	立杆上应变片编号								
LA1	LA1（1）	LA1（2）	LA1（3）	LA1（4）	LA1（5）	LA1（6）	LA1（7）	LA1（8）	LA1（9）
LA2	LA2（1）	LA2（2）	LA2（3）	LA2（4）	LA2（5）	LA2（6）	LA2（7）	LA2（8）	LA2（9）
LB1	LB1（1）	LB1（2）	LB1（3）	LB1（4）	LB1（5）	LB1（6）	LB1（7）	LB1（8）	LB1（9）
LB2	LB2（1）	LB2（2）	LB2（3）	LB2（4）	LB2（5）	LB2（6）	LB2（7）	LB2（8）	LB2（9）
LC3	LC3（1）	LC3（2）	LC3（3）	LC3（4）	LC3（5）	LC3（6）	LC3（7）	LC3（8）	LC3（9）

对比试验（1）水平拉杆应变片编号表　　表2-2

布置应变片的拉杆	应变片编号		
SZA1	SZA1（1）	SZA1（2）	SZA1（3）
SZB1	SZB1（1）	SZB1（2）	SZB1（3）
SHA1	SHA1（1）	SHA1（2）	SHA1（3）
SHB1	SHB1（1）	SHB1（2）	SHB1（3）
SZA2	SZA2（1）	SZA2（2）	SZA2（3）
SZB2	SZB2（1）	SZB2（2）	SZB2（3）

续表

布置应变片的拉杆	应变片编号		
SHA2	SHA2（1）	SHA2（2）	SHA2（3）
SHB2	SHB2（1）	SHB2（2）	SHB2（3）
SZA3	SZA3（1）	SZA3（2）	SZA3（3）
SZB3	SZB3（1）	SZB3（2）	SZB3（3）
SHA3	SHA3（1）	SHA3（2）	SHA3（3）
SHB3	SHB3（1）	SHB3（2）	SHB3（3）
SZA4	SZA4（1）	SZA4（2）	SZA4（3）
SZB4	SZB4（1）	SZB4（2）	SZB4（3）
SHA4	SHA4（1）	SHA4（2）	SHA4（3）
SHB4	SHB4（1）	SHB4（2）	SHB4（3）
SZB4	SZB4（4）	SZB4（5）	SZB4（6）
SHB4	SHB4（4）	SHB4（5）	SHB4（6）

对比试验（1）剪刀撑应变片编号表　　　　**表 2-3**

布置应变的剪刀撑	应变片编号					
J1	J1（1）	J1（2）	J1（3）	J1（4）	J1（5）	J1（6）
J2	J2（1）	J2（2）	J2（3）	J2（4）	J2（5）	J2（6）

3．其他对比试验中杆件及应变片编号

其他对比试验中杆件的编号原则与对比试验（1）中杆件的编号原则相同，相同位置的杆件在不同对比试验中的编号相同，有些对比试验是在对比试验（1）的基础上增加了某些杆件，该对比试验中杆件的编号，则是在对比试验（1）杆件的编号基础上增加新增加杆件的编号。

与杆件编号的情况类似，其他对比试验的应变片编号也与对比试验（1）的编号原则相同，相同位置的应变片编号相同，新增加的测点的应变片需要按之前的编号原则增加新的编号。

2.5.2　立杆薄弱部位研究

通过试验数据及试验现象分析，确定扣件式钢管模板支撑体系中立杆的薄弱环节，有利于防患于未然，可以在扣件式钢管模板搭设之前有针对性地采取构造措施，加强薄弱环节。防止局部破坏导致整个架体丧失工作能力，并避免由此造成的安全事故，有助于充分发挥其他部位的材料性能，减少安全事故的发生，以达到安全经济的目的。

1．试验现象分析

在试验过程中观察并记录了受力立杆最先出现明显变形的位置，记录了立杆丧失承载力时的破坏位置。通过各对比试验分析，得出扣件式钢管模板支撑体系中立杆的薄弱环节为顶步跨中，试验过程中立杆破坏形态如图 2-19 所示。

(*a*)

(*b*)

(*c*)

(*d*)

图 2-19　架体破坏位置图

(*a*) 对比试验 (1)；(*b*) 对比试验 (2)；(*c*) 对比试验 (3)；(*d*) 对比试验 (4)

(e)

图 2-19　架体破坏位置图（续）
（e）对比试验（5）

通过观察各对比试验的立杆破坏形态图可以发现，在试验过程中立杆的破坏位置均是顶步跨中，与立杆间距、水平拉杆步距、是否搭设剪刀撑无关，无论立杆间距、水平拉杆步距如何变化，是否搭设剪刀撑，扣件式钢管模板架体在受力破坏过程中总是立杆顶步跨中最先发生局部失稳破坏。

在试验过程中，千斤顶固定于反力架上，并与受力立杆顶端连接，即立杆顶端在荷载作用下，只能产生竖向位移，不能在水平面内发生位移。

2．试验数据分析

各对比试验在试验过程中均在杆件上粘贴了应变片，用来记录试验过程中杆件的应力应变变化情况，应变片的具体位置及应变片和杆件的编号在 2.5.1 节中已详细介绍，其中立杆应变片位置为受力立杆每一跨的上部、下部和跨中，通过分析试验过程中受力立杆上应变片采集的试验数据，可得出受力立杆的薄弱环节。首先逐一对各对比试验中受力立杆上应变片采集的数据进行比较分析，发现在立杆的顶步跨中位置，应变片采集数据的数值最大，说明该位置的变形最大，该位置受力最大，最可能先破坏，由此导致整个架体丧失工作能力，所以顶步跨中是受力立杆的薄弱环节。

试验过程中各对比试验受力立杆试验数据如图 2-20 所示。由此可以看出，顶步测得的应变值大于其他部位的数值，顶步跨中取得的应变值最大，顶步跨中取得的应变值与其他部位的数值，最大相差 46.6%，由此可以看出顶步跨中的变形值明显大于其他部位，此量值不可忽略，顶步跨中的变形值最大，增长最快，由于顶步跨中的变形容易产生附加弯矩，引起 p—Δ 效应，最终导致立杆失稳，所以扣件式钢管模板支撑体系在实际应用过程中，立杆的薄弱环节在顶步跨中，应采

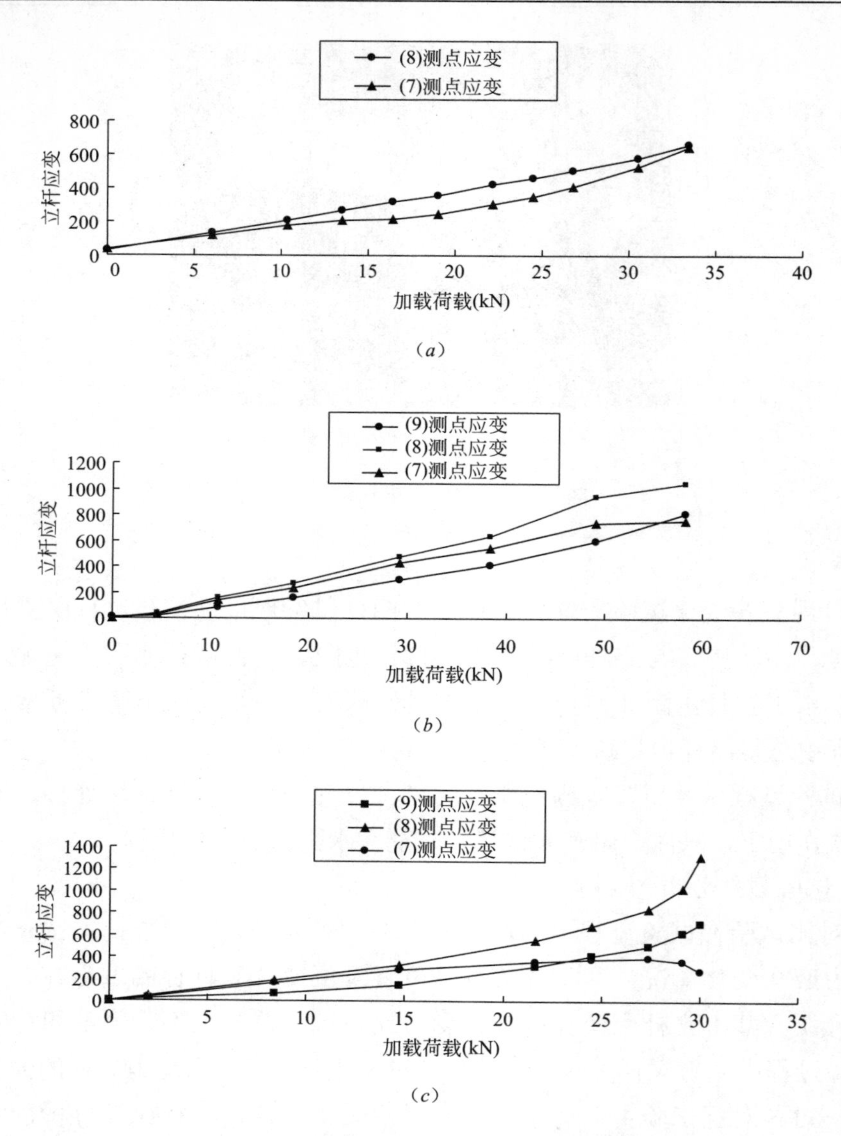

图 2-20　LB2 立杆第三跨试验数据分析

(*a*) 对比试验 (1)；(*b*) 对比试验 (2)；(*c*) 对比试验 (3)

取构造措施加强。

经过对各对比试验的试验数据分析可以得出：受力立杆顶步跨中应变片采集的试验数值最大，顶步跨中的应变最大，顶步跨中受力最大，在试验过程中顶步跨中最容易最先破坏，容易由顶步跨中的破坏导致整个架体丧失工作能力，顶步跨中为立杆的薄弱环节。无论立杆间距和水平拉杆步距如何变化，是否搭设剪刀撑，顶步跨中位置的应变片采集的试验数据的数值最大，容易最先破坏。

2.5.3　水平拉杆受力机理研究

在扣件式钢管模板支撑体系中，水平拉杆对立杆起到固定和约束的作用，水平拉杆的步距将影响立杆的计算长度，水平拉杆的设置情况将对模板支撑体系整体稳定性产生重要影响。各对比试验中水平拉杆试验数据分析如图 2-21 所示。

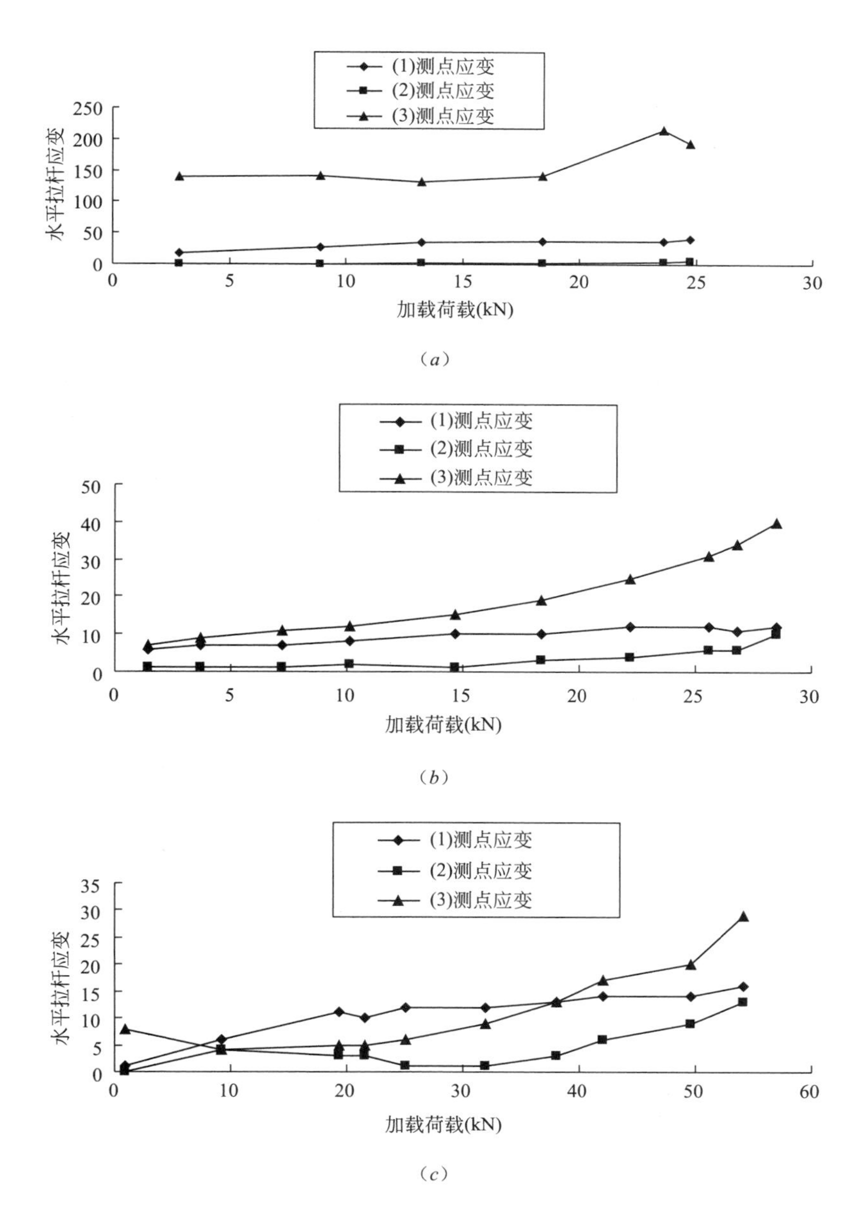

图 2-21　水平杆试验数据分析

(*a*) 对比试验 (1) SHA2 水平横杆；(*b*) 对比试验 (3) SHA2 水平横杆；(*c*) 对比试验 (4) SZB2 水平纵杆

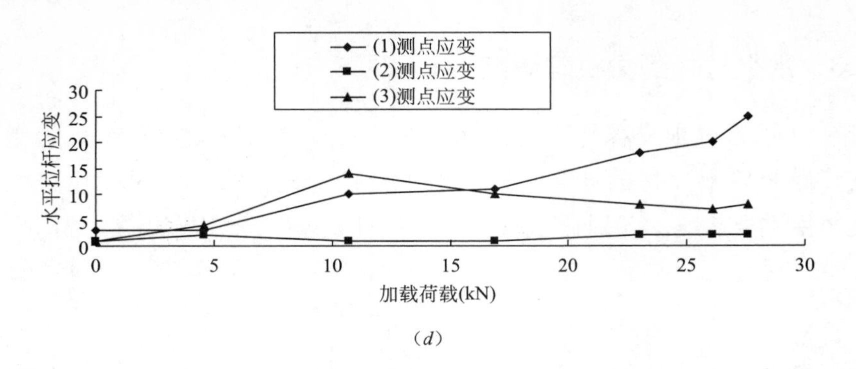

图 2-21　水平杆试验数据分析（续）
（*d*）对比试验（5）SHA4 水平横杆

在试验过程中布置测点的水平拉杆每一跨上均布置了三个测点，分别是：（1）测点、（2）测点、（3）测点。其中（1）测点和（3）测点布置在水平拉杆与立杆相连接的节点附近，分布在每一跨水平拉杆的两个端部，（2）测点布置在水平拉杆的中间部位，分布在每一跨水平拉杆的跨中，具体的应变片布置位置及应变片测点编号参见 2.5.1 节所述。

经过对各对比试验数据分析可以得出：水平拉杆两个端部测点测得应变值大于水平拉杆中部测点测得的应变值，即水平拉杆与立杆连接节点附近的应变值大于水平拉杆跨中的应变值，无论扣件式钢管模板支撑体系的搭设情况如何，立杆间距如何变化，水平拉杆步距如何变化，是否搭设剪刀撑等，均可以得到相同规律；由试验数据分析还可以看出，无论是横向的水平拉杆还是纵向的水平拉杆，水平拉杆与立杆连接节点附近的测点测得的应变值均大于水平拉杆跨中测点测得的应变值，无论水平拉杆在模板支撑体系中处于第几层，均有相同的规律。由此可以得出：水平杆与立杆节点附近的内力大于跨中的内力，水平拉杆的薄弱环节在水平拉杆与立杆的节点部位，而不是在水平拉杆的跨中，这一规律并不受模板支撑体系的搭设情况、水平拉杆在模板支撑体系中所处的位置以及水平拉杆的纵横方向影响。

2.5.4　各对比试验立杆承载力研究

为对模板支撑体系中立杆进行破坏性研究，共进行了五组不同搭设情况的立杆破坏性试验，具体的五种搭设工况参见 2.1 节所述。对比分析五种搭设工况下受力立杆的承载力，分析不同搭设情况如：不同立杆间距、不同水平拉杆步距、是否搭设剪刀撑等不同搭设情况对立杆承载力的影响，各种不同工况下立杆承载

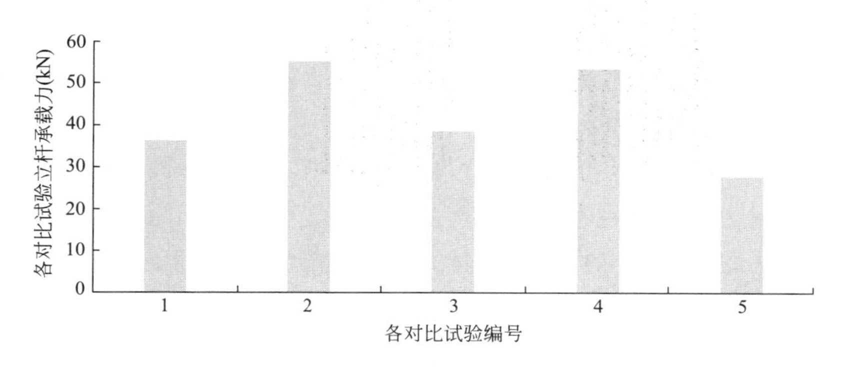

图 2-22　各对比试验立杆承载力比较图

力如图 2-22 所示。

通过比较分析不同搭设工况下受力立杆的承载力，得出各种不同搭设情况对立杆承载力的影响：

（1）各对比试验中立杆的承载力均未达到材料理论计算强度值，立杆的破坏形式均属于失稳破坏，由于立杆属于长细杆件，所以在实际工程中失稳破坏也是模板架体破坏的主要形式，提高模板架体的稳定性，有利于提高模板支撑体系的安全性。

（2）对比试验（4）是在对比试验（3）的基础上减小了水平拉杆步距，对比试验（4）水平拉杆步距为 0.9m，对比试验（3）水平拉杆的步距为 1.8m，具体的搭设情况可以参见 2.1 节。由对比试验（3）和对比试验（4）的立杆承载力的比较可以发现：减小水平杆步距可以显著增加立杆的承载力，由于水平杆步距的减小，对比试验（4）的立杆承载力比对比试验（3）立杆的承载力增加了 42%，水平杆步距对立杆承载力的影响显著。

由于水平杆步距对立杆承载力影响显著，减小水平杆步距则立杆承载力增加，所以在实际工程中为确保立杆有足够的承载力，模板架体有足够的安全储备，应限制最大水平杆步距，否则由于水平杆步距的过大致使模板支架承载力过低，容易引发安全事故。

（3）对比试验（1）搭设了单一方向的一道剪刀撑，对比试验（3）是在对比试验（1）的基础上撤掉了剪刀撑，对比试验（5）是在对比试验（3）的基础上减小了立杆间距，对比试验（1）和对比试验（3）的立杆间距均为 1.8m，对比试验（5）的立杆间距为 0.9m。具体的搭设情况可以参见 2.1 节。比较对比试验（1）、（3）、（5）可以发现：虽然三组对比试验承载力各不相同，但是三组试验的立杆承载力基本处于同一量级，三组对比试验间的差别并不能排除各种不确定因素的干扰，三组对比试验间的细微差别可以因各种不确定因素而忽略。所以减小立杆间距对于提高立杆承载力并不是十分明显，减小立杆间距可以减小立杆的受荷面积，但并未显著提高立杆的承载力。

通过试验（1）、（3）的比较还可以发现：在立杆的某一方向上加一道剪刀撑对于立杆承载力的提高也不是十分明显，某一方向上加一道剪刀撑并不能有效地阻止立杆的失稳破坏，立杆失稳破坏时的弯曲方向是不确定的，某一方向上的一道剪刀撑所起的作用微乎其微。

（4）通过对比试验（3）没有搭设剪刀撑，而对比试验（2）是在对比试验（3）的基础上在相互垂直的两个方向上搭设了两道剪刀撑，具体的搭设情况可以参照2.1节。试验（2）、（3）的比较可以发现：在立杆垂直的两方向加两道剪刀撑可以显著提高立杆的承载力，试验（2）的立杆承载力比试验（3）的立杆承载力增加了45.9%，十字剪刀撑对立杆承载力的影响是显著的。

第3章　扣件式钢管模板支撑体系可调支托试验研究

可调支托是插放在模板钢管支架体系中立杆上端，用于承接上部施工荷载的构件，可以调节架体的高度。在实际工程中，为了减小偏心荷载对模板架体整体稳定性的影响，确保立杆轴心受力状态，规范要求应在立杆顶端设置可调支托。

本章通过建立6组扣件式钢管模板支架的试验模型，研究模板支撑体系中的可调支托伸出长度和立杆伸出顶层水平杆长度对架体稳定承载力的影响，掌握扣件式钢管模板支撑体系在实际施工过程中可调支托和立杆的受力机理及破坏模式，最终得出可调支托伸出长度限值。

3.1　可调支托试验方案

3.1.1　试验目的

在建筑模板工程施工中，由于扣件式钢管模板支架立杆顶部可调支托悬臂长度过长而导致的模板坍塌事故时有发生。在现行规范中，与立杆上端可调支托相关的构造要求存在不一致的规定。相关规范包括：《建筑施工扣件式钢管脚手架安全技术规范》（JGJ 130—2011）、《建筑施工模板安全技术规范》（JGJ 162—2008）、《建筑施工碗扣式钢管脚手架安全技术规范》（JGJ 166—2008）、《建筑施工承插型盘扣式钢管支架安全技术规程》（JGJ 231—2010）、《混凝土结构工程施工规范》（GB 50666—2011）。下面分别指出上述五部规范对可调支托构造要求的差异之处。

术语名称的差异见表3-1。

五部规范术语的差异　　表3-1

序号	JGJ 130—2011	JGJ 162—2008	JGJ 166—2008	JGJ 231—2010	GB 50666—2011
1	可调支托	可调支托/U形支托	可调支托	可调托座	可调托座
2	可调支托螺杆	可调支托螺杆	可调支托丝杆	可调托座螺杆	可调托座螺杆

在构造方面，JGJ 130—2011、JGJ 162—2008和GB 50666—2011这三本规

范都对扣件式钢管模板支架中立杆顶端伸出长度和可调支托螺杆伸出长度作出了规定，但侧重点不同。混凝土规范着重强调了在搭设高支模时应遵守的要求。

各规范关于扣件式模板钢管支架可调支托构造的差异见表 3-2。其中 *a* 值为立杆顶端伸出水平杆长度（a_1）与可调支托伸出立杆长度（a_2）之和。

三部规范关于可调支托构造做法的差异　　表 3-2

参数 \ 规范	JGJ 130—2011	JGJ 162—2008	GB 50666—2011（高支模）
a 值	不应超过 0.5m		不应大于 600mm
可调支托螺杆伸出长度	不宜超过 300mm	不得大于 200mm	
螺杆插入深度	不得小于 150mm		不应小于 180mm
螺杆与钢管紧密度	螺杆外径不得小于 36mm	螺杆外径与立柱钢管内径间隙不得大于 3mm	螺杆外径不得小于 36mm

JGJ 162—2008 未明确 *a* 值和螺杆插入深度的限值，忽略了立杆顶端伸出长度对扣件式钢管模板支撑体系整体稳定承载力的影响。

关于限制可调支托螺杆伸出长度的方面，JGJ 162—2008 和 JGJ 130—2011 的要求差别很大，JGJ 162—2008 的要求偏于保守。

三本规范都对可调支托螺杆和钢管的紧实度有严格的要求，但说法不一致。

各规范关于碗扣式等其他模板钢管支架可调支托构造的差异见表 3-3。

四部规范关于可调支托构造做法的差异　　表 3-3

参数 \ 规范	JGJ 166—2008	JGJ 231—2010	JGJ 162—2008	GB 50666—2011
a 值	不得大于 0.7m	严禁超过 650mm		不应超过 650mm
可调支托螺杆伸出长度			不得大于 200mm	
螺杆与钢管紧实度			螺杆外径与立柱钢管内径间隙不得大于 3mm	螺杆直径应满足与钢管内径间隙不小于 6mm

GB 50666—2011 第 4.4.9 条把碗扣式、插接式和盘销式钢管模板支架搭设进行了统一规定，GB 50666—2011 与 JGJ 166—2008 在碗扣式钢管模板支架 *a* 值的限制上产生了矛盾。JGJ 166—2008 对 *a* 值的规定超出了 GB 50666—2011 的要求。除 JGJ 162—2008 之外，其他三本规范均未对可调支托螺杆伸出长度进行限制。GB 50666—2011 对可调支托螺杆和钢管的紧实度要求略宽松，而其余两本规范未对此项进行规定。

本试验研究的对象为扣件式钢管模板支撑体系中的可调支托，在试验室内对不同可调支托伸出长度进行对比试验，得到不同伸出长度下模板支撑体系失稳时的临界荷载、破坏模式，进一步探讨该体系可调支托和立杆的应力及其受力特点。

3.1.2　试验模型

根据实际工况搭设 6 组不同可调支托伸出长度模型试验。为了考察不同可调支托伸出长度对架体稳定承载力的影响，6 组模型试验中除了立杆伸出顶层水平杆长度和可调支托伸出长度不同之外，其他搭设参数均相同：步距为 1.5m，立杆间距为 0.8m×1.2m。扫地杆长度为 0.2m，按纵下横上设置。分别变化可调支托伸出长度和模板支架中间立杆伸出顶层水平杆长度，见表 3-4。试验模型如图 3-1 ～图 3-3 所示。

模板支架模型参数设置　　表 3-4

工况	立杆伸出水平杆长度 a_1	可调支托伸出立杆长度 a_2
1	100	200
2	200	200
3	300	200
4	100	300
5	200	300
6	300	300

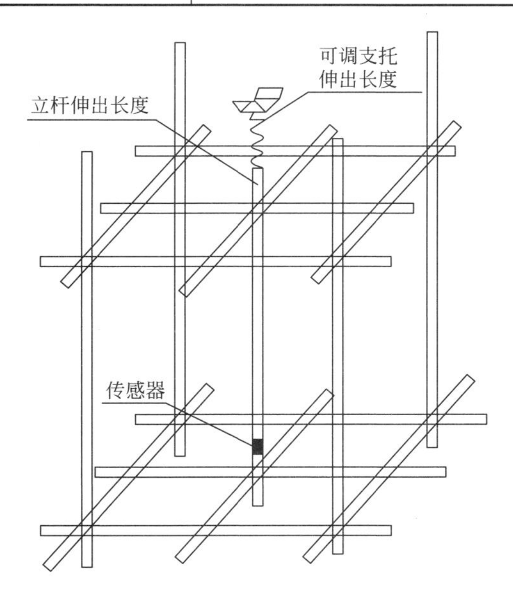

图 3-1　试验模型简图

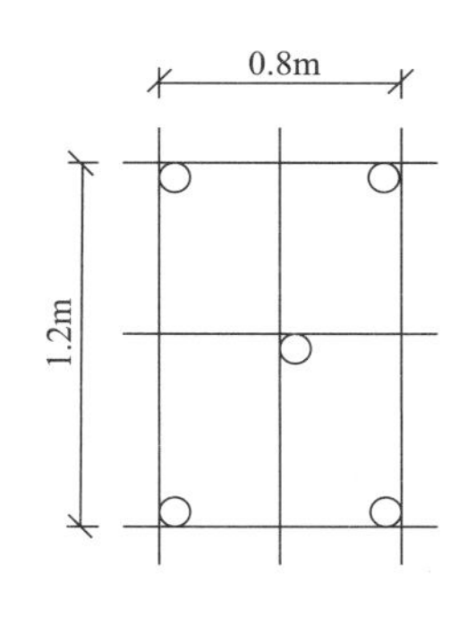

图 3-2　试验模型平面布置图

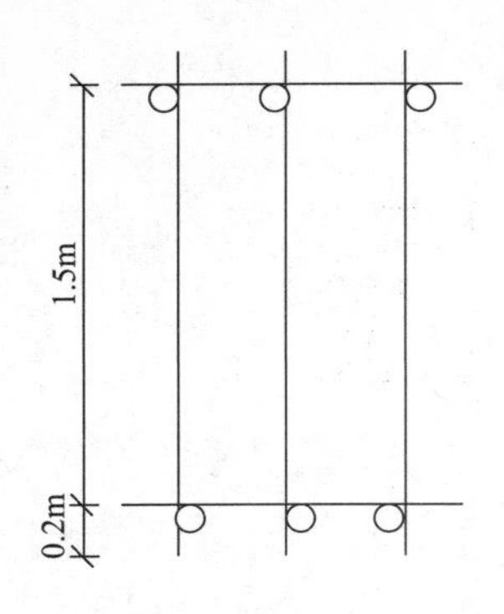

图 3-3　试验模型剖面图

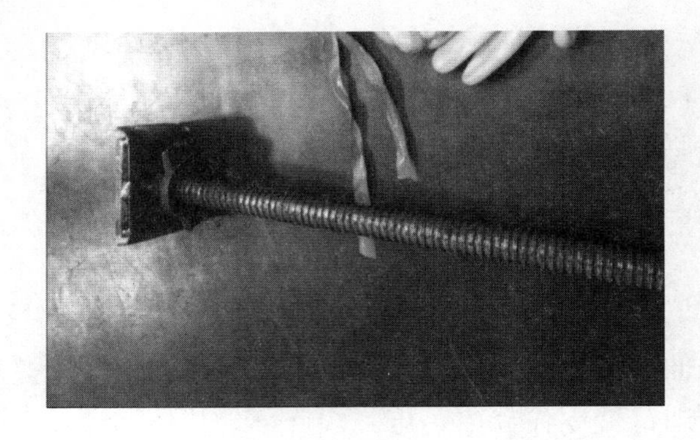

图 3-4　可调支托

3.1.3　材料性能

钢管材质的型号为 Q235，其横截面规格为 $\Phi48 \times 3.0$，每根钢管的壁厚必须保证在 3.0mm 以上，并用游标卡尺进行严格地筛选；立杆钢管抗压强度设计值为 215 N/mm^2，弹性模量为 $2.06\times10^5N/mm^2$。

可调支托是插放在扣件式模板钢管支撑体系中立杆上端的，用于承接上部施工荷载的构件，如图 3-4 所示。《建筑施工扣件式钢管脚手架安全技术规范》（JGJ 130—2011）第 8.1.7 条规定可调托撑支托板厚不应小于 5mm，变形不应大于 1mm，严禁使用有裂缝的螺母，其抗压承载力设计值不应小于 40kN。

3.1.4　试验加载方案

1．试验预加荷载量分析

根据试验方案，计算出各工况的承载力如下：

$$l_o=a+h \tag{3-1}$$

式中　h——立杆步距；

a——选取模板支架立杆伸出顶层横向水平杆中心线至模板支撑点的长度。

回转半径 $i=(D/4)\times[1+(d/D)^2]=(48/4)\times1.3=15.6$mm

$$\lambda=\frac{l_o}{i}=\frac{1800}{15.8}=114$$

根据 λ=95，查《建筑施工模板安全技术规范》（JGJ 162—2008）附录 D，查得的稳定系数为 φ=0.470。

稳定验算：

$$A=\pi\left(\frac{D^2}{4}-\frac{d^2}{4}\right)=423.9\text{mm}^2$$

单根立杆失稳最大承载力：

$$N=f\varphi A=205\times 0.470\times 423.9=41\text{kN}$$

单根立杆强度最大承载力：

$$N=fA=205\times 423.9=86.9\text{kN}$$

选取规格为 100kN 的千斤顶。

2. 加载制度

采用对中间立杆顶部施加集中荷载的方式加载，千斤顶单点加载，加载制度分为预载阶段和分级加载阶段。在液压千斤顶上端布置一个压力传感器，如图 3-5 所示。

图 3-5　多通道数据采集板

预加载阶段：检查各个试验加载装置及量测仪器等是否能正常工作；使千斤顶与可调支托接触密实从而进入正常工作状态。预加载荷载值为 2kN。

正式加载：确认所有测量仪器均正常工作后，便可进入正式加载阶段。千斤顶每级荷载为 5kN，每级荷载持续 3min，当荷载数值接近试验模型稳定承载力的极限值时，荷载的增量调至每级 2kN，并延长每级荷载的持续时间，等到应变值不再继续增长时，再继续下一级荷载。

卸载阶段：当达到试验结构的极限承载力后，要继续进行数据采集，持续 5min，待试验结构变形充分地发展，再进行卸载。

试验时严格按照各工况搭设模板支架。模板支撑体系的稳定构造措施，严格按照《建筑施工模板安全技术规范》（JGJ 162—2008）进行搭设，并在模板支撑体系搭设完毕后，检查确认无误后，再进行加载。

3.1.5　模板支架测点布置

1. 应变片和轴力计位置

在模板支架中间立杆各部位及可调支托设置应变片测试杆件的变形。在中间立杆中间处放置轴力计，以此测量中间立杆的轴力，如图 3-6 所示。

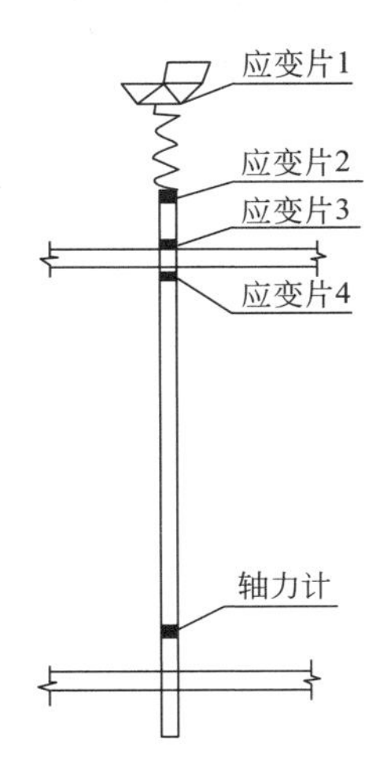

图 3-6　应变片及轴力计布置图

2．现场实物图

试验过程中所用的反力架和千斤顶实物图如图 3-7 所示，轴力计现场实物图如图 3-8 所示，粘贴应变片实物图如图 3-9 所示。

图 3-7　反力架和千斤顶实物图

图 3-8　轴力计现场实物图

图 3-9　现场粘贴应变片实物图

3.2　试验结果

3.2.1　试验现象分析

工况 1 ～工况 4 的破坏形式为失稳破坏，如图 3-10 所示。

模板支架失稳前没有明显预兆，整体侧移量小。加载到一定程度，有响声出现，荷载不再增加。当继续加载时，发现可调支托侧移量增加，荷载开始掉载，千斤顶出现“回油”现象，此时模板支架已经丧失继续承载能力，不适宜对模板支架继续加载，待变形稳定一段时间后，宣告模板支架失稳破坏。失稳时，模板支架上部变形量大于下部，可调支托顶端变形量最大。

工况 5 和工况 6 的破坏形式为螺母脆性破坏，如图 3-11 所示。

加载初期，模板支架无明显变化。随着荷载不断地增加，可调支托的侧移量不断加大，模板支架出现轻微的响声。待稳定一段时间后，继续对模板支架进行加载并减少每级的加载量，直到出现巨大的声音，可调支托螺母发生脆性破坏（图 3-12），试验结束。

图 3-10　架体失稳破坏

图 3-11　破坏位置图

图 3-12　螺母脆性破坏

从6组试验情况来看，可调支托与立杆伸出的长度之和大于0.5m且可调支托伸出长度为0.3m时，可调支托的螺母更容易破坏，破坏时模板支架立杆的应力小于比例极限，均处于弹性工作状态。此时，扣件式钢管模板支架的薄弱位置为立杆顶部与可调支托连接位置即安装螺母处，其原因是上部可调支托和立杆伸出水平杆长度相当于悬臂柱，在竖向荷载作用下，当悬臂长度过长，由于初始偏差的存在，可调支托很容易侧向失稳，并且会在可调支托的底部，即螺母处产生弯矩，立杆的顶端在弯矩和轴向力的作用下也很容易失稳，使螺母发生脆性破坏。

3.2.2 中间立杆轴力分析

每组试验都对中间立杆进行轴力的测定，从试验得出的轴力—荷载曲线（图3-13）可以看出：在模板支架失稳破坏前，千斤顶对立杆施加的荷载值等于立杆下部的轴力值。这说明加载过程中，模板支架与千斤顶没有发生相对移动，保证了采集试验荷载值的准确性。但当模板支架接近破坏时，曲线的坡度逐渐变得平缓，轴力增长幅度小，直到曲线突然下降，模板支架丧失继续承载能力。这是因为试验加载到一定荷载时，可调支托与立杆上部产生较大变形，千斤顶与加载点失去了密实地接触，试验模型失稳或破坏而无法继续进行加载。当千斤顶出现了回油现象，试验结束。

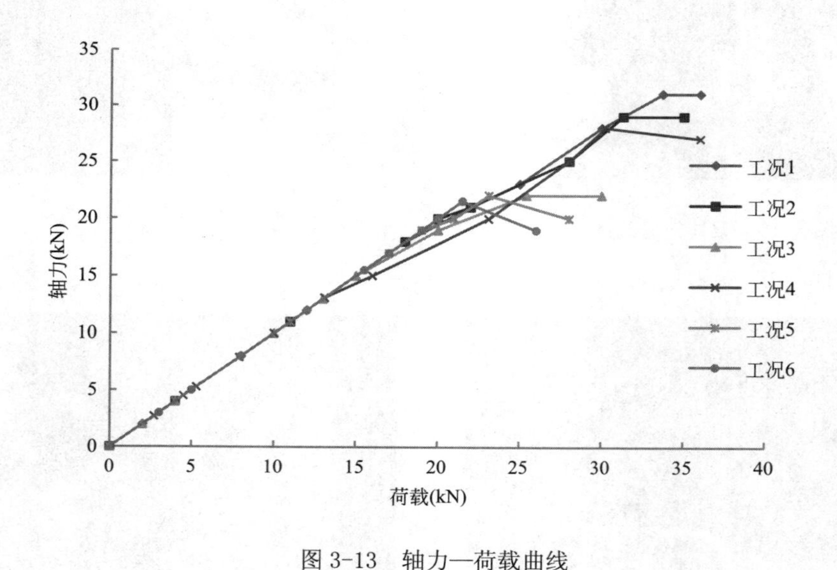

图3-13 轴力—荷载曲线

3.2.3 立杆应力分析

由6组试验取得的荷载—应力曲线如图3-14所示，测点位置编号如图3-6所

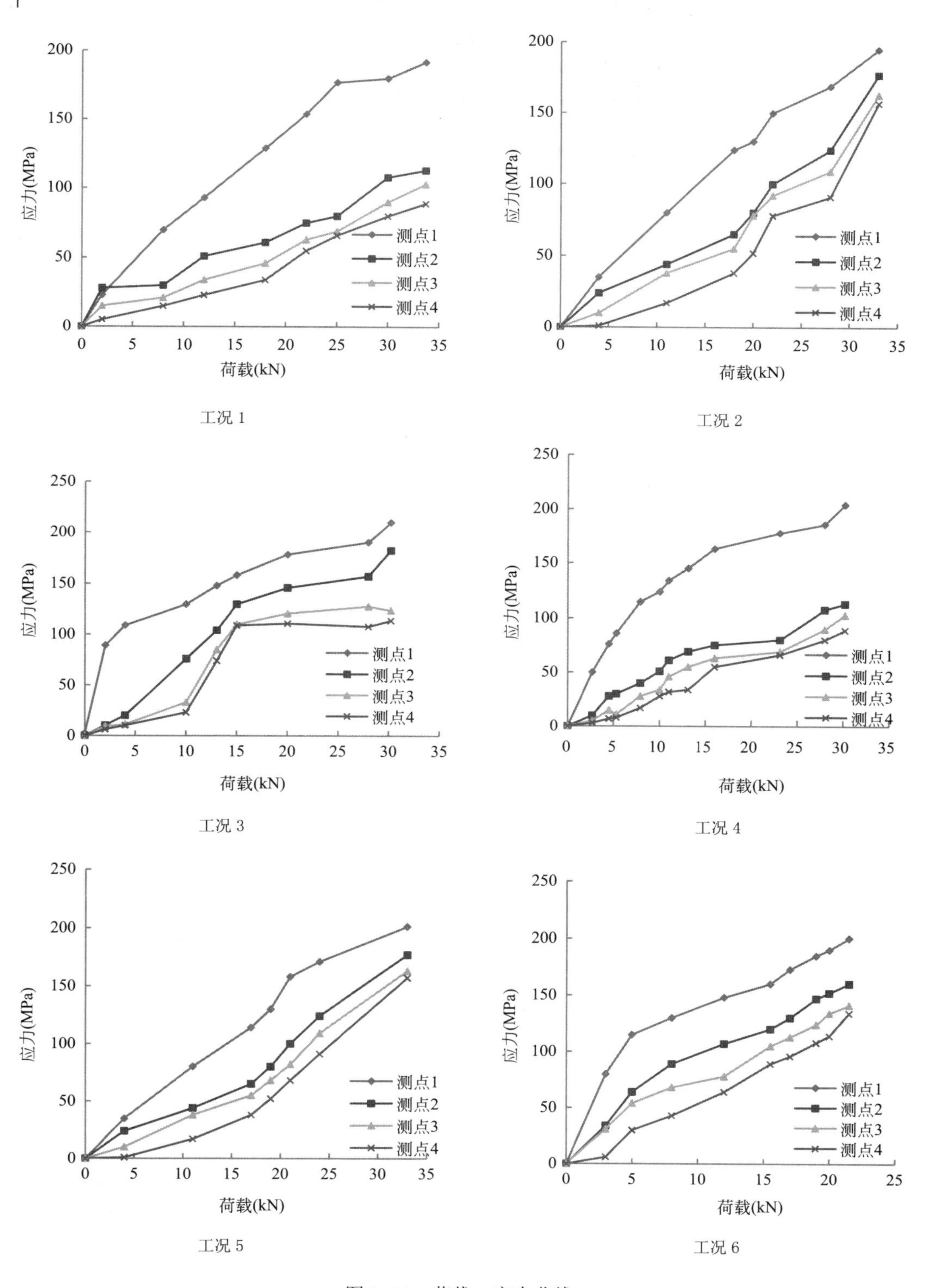
200
150
100
50
0
应力(MPa)
0 5 10 15 20 25 30 35
荷载(kN)
测点1
测点2
测点3
测点4
工况 1
200
150
100
50
0
应力(MPa)
0 5 10 15 20 25 30 35
荷载(kN)
测点1
测点2
测点3
测点4
工况 2
250
200
150
100
50
0
应力(MPa)
0 5 10 15 20 25 30 35
荷载(kN)
测点1
测点2
测点3
测点4
工况 3
250
200
150
100
50
0
应力(MPa)
0 5 10 15 20 25 30 35
荷载(kN)
测点1
测点2
测点3
测点4
工况 4
250
200
150
100
50
0
应力(MPa)
0 5 10 15 20 25 30 35
荷载(kN)
测点1
测点2
测点3
测点4
工况 5
250
200
150
100
50
0
应力(MPa)
0 5 10 15 20 25
荷载(kN)
测点1
测点2
测点3
测点4
工况 6

图 3-14　荷载—应力曲线

示。可调支托处的应力值均大于其他部位的应力值，这说明荷载的传递途径是荷载首先作用在可调支托U形槽上，再通过可调支托的螺母传递到立杆顶端，然后依次传递下去。

由各对比试验取得的数据可以看出，可调支托U形槽的变形最大，建议在相关规范中对于U形槽应作出能抵抗较大荷载的最小厚度的规定。在荷载加载初期，随着荷载的增大，可调支托和立杆的应力值呈线性递增，前者比后者递增的速率快，立杆顶部变化速率比立杆其他部位变化快。待荷载增加到一定程度，可调支托顶端应力增长速度加快，显示出明显的非线性。

3.2.4 各对比试验承载力分析

研究可调支托伸出长度和立杆伸出水平杆长度对扣件式钢管模板支撑体系承载力的影响，共进行了6组扣件式钢管模板支撑体系破坏性试验，各种不同工况下承载力的比较如图3-15所示。

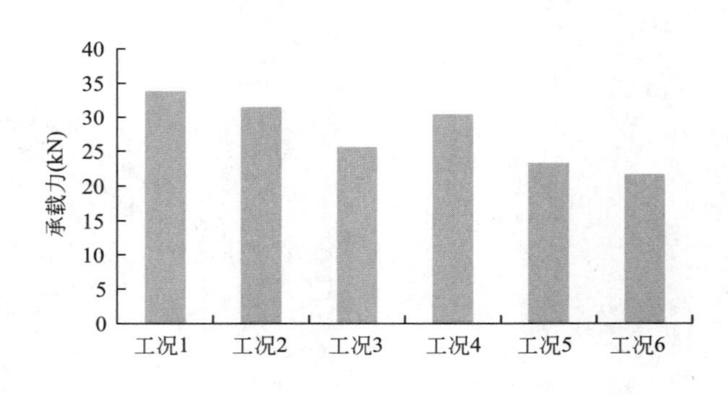

图3-15 各对比试验承载力比较图

通过比较分析不同工况下模板支架的承载力，研究可调支托伸出长度和立杆伸出水平杆长度对架体整体承载力的影响，得到的结论如下：

对各组试验立杆承载力的研究发现：可调支托伸出长度和立杆伸出水平杆长度的变化对模板支撑体系的承载力影响很大。在模板支架搭设参数相同的情况下，随着立杆伸出长度与可调支托伸出长度之和即 a（模板支架立杆伸出顶层横向水平杆中心线至模板支撑点的长度）增加，整个模板支架体系的承载力总体上呈下降趋势。工况2与工况1相比，a 值由0.3m增加到0.4m，承载力下降缓慢，降低幅度为7.12%；工况3与工况1相比，a 值由0.3m增加到0.5m，承载力降低幅度很明显，下降了24.62%；工况6与工况1相比，a 值由0.3m增加到0.6m，稳定承载力将大幅度降低，下降了36.20%。当 a 值增加到0.6m时，架体屈曲形式已相当于悬臂立柱屈曲模式，这就说明了 a 值越大，单杆立杆承载力越小的原因。

通过对比各个试验模型的承载力，发现当 a 值一定时，a_1 和 a_2 的不同变化，对整体稳定承载力的影响程度也不同。由图 3-15 可知，工况 4 与工况 2 相比，a 值均为 400mm，但因为工况 4 中 $a_2 > a_1$，，在工况 2 中的 $a_2=a_1$，工况 4 的承载力比工况 2 承载力低，降低了约 3.31%；工况 5 与工况 3 相比，a 值均为 500mm，但因为试验 5 中 $a_2 > a_1$，试验 3 的 $a_2 < a_1$，工况 5 比工况 3 相比承载力下降，降低了约 9.5%。这说明模板支撑体系在 a 值相同的前提下，可调支托伸出长度对整个架体的稳定承载力起着重要作用，可调支托伸出长度越长，可调支托越难与立杆保持同心，越容易承受偏心荷载。综上所述，若可调支托高度大于立杆伸出长度，整个模板支架的承载能力将会被大大削弱。

第4章　扣件式钢管模板支撑体系可调支托有限元分析

当前，国际上有很多面向土木工程领域的有限元仿真软件，例如，ANSYS、ABAQUS、ALGOR、NASTRAN和MARC等。

ANSYS是一种使用广泛的商业套装工程分析软件。所谓工程分析软件，就是能计算出在模拟结构系统受到外力负载所出现的反应，例如位移、应力、温度等，根据这种反应可知道模拟结构系统所受到外力负载后的状态，从而判断出是否符合设计的要求。一般模拟结构系统的几何结构相对复杂，受的负载也相对多，理论分析往往无法实现。由于计算机行业的不断发展，相应的软件也应运而生，ANSYS有限元分析软件在工程上应用相当的广泛，在机械、土木、电机、航空及电子等领域的使用，均能达到某种程度的可信度，颇受各界好评。使用ANSYS软件，不仅能够降低设计成本，还能缩短设计时间。目前，ANSYS的数值模拟功能仍在不断地发展和完善，是一款进行数值模拟研究分析非常强大的软件。

ANSYS在结构方面的主要分析类型有：

1. 静力分析

静力分析主要是在静力荷载的作用下，计算构件或结构本身的应力应变和位移，也可用来分析在近似静力荷载作用下，构件或结构本身随时间的变化规律。静力分析可分为线性分析和非线性分析。非线性分析还包括大应变、大变形、塑性、应力刚化、蠕变等。

2. 动力分析

动力分析用来分析在动荷载作用下构件或结构本身的响应，包含应力应变、位移、加速度等随着时间变化的规律。同静力分析不同的是，在进行动力分析时，要事先考虑动荷载对惯性和阻尼特性的影响，以及动荷载随时间变化情况。

3. 非线性分析

非线性分析包括材料的非线性、几何的非线性和状态的非线性三大类。材料非线性可分为黏弹性材料、弹性材料和非弹性材料。几何非线性需要考虑大位移、大应变和应力刚化。在应用非线性分析时，通常考虑两种或三种状态同时存在的情况，并不只是考虑某一类问题。

ANSYS数值模拟的功能已经非常强大，同时也是进行数值计算模拟良好的平台。ANSYS有限元分析软件有以下的优点：

1．单元种类丰富

在ANSYS有限元分析软件的单元库中可以提供许多种的单元类型来供用户选择：梁单元（beam）、杆单元（link）、壳单元（Shell）、管单元（pipe）、平面单元（plane）、固体单元（Solid）等，用户可以根据具体需要设置单元类型。

2．材料类型具有代表性

ANSYS有限元分析软件综合考虑了弹塑性、线弹性、黏塑性、非线弹性等不同的模型，其中对于钢材能通过应力—应变曲线加以描述。

3．非线性方程求解精度高而灵活

ANSYS有限元分析软件能进行几何非线性和材料非线性的分析。

4．具有屈曲分析功能

ANSYS有限元分析软件提供了两种结构屈曲模态和屈曲荷载的分析方法即特征值屈曲分析与非线性屈曲分析。特征值屈曲分析是用来预测一个理想弹性结构的理论屈曲强度；非线性屈曲分析是用非线性静力分析技术来求得临界荷载。

用ANSYS软件对可调支托伸出长度试验模拟分析的步骤：

1．建立模型

首先，定义标题，进入前处理模块（PREP7），选择单元类型，输入实常数、材料属性，设置单元属性。所用的基本物理量为国际单位：长度为米（m），质量为千克（kg），时间为秒（s）。所用到的参数还包括钢管的外径为0.048m，管壁厚度0.003m，弹性模量$2.06e^{11}$Pa、泊松比0.25，屈服强度为215MPa，强化段的斜率为0.1E。钢材的密度为$7800kg/m^3$。通过自下而上的建模方式创建分析对象的几何模型，然后对模型进行网格划分。

2．获得静力解

定义分析类型为静力分析，打开定义分析类型中的预应力开关。由屈曲分析获得到的特征值是屈曲荷载系数，而该系数与所施加的荷载的乘积为屈曲荷载。当所施加的荷载为1时，则该屈曲荷载等同于屈曲荷载系数。

3．进行特征值屈曲分析

重新定义分析类型，选择子空间迭代法，设置求解控制选项、模态扩展数目、荷载步输出等。

4．非线性屈曲分析

定义材料的非线性行为，包括材料的屈服强度，利用UPGEOM命令引入特征值屈曲分析中的第一阶屈曲模态作为初始缺陷，设置初始缺陷的比例为0.01。删除之前施加的所有荷载，重新施加比特征值屈曲荷载高一级的荷载。打开大变形效应，设置时间步长、子步数、收敛选项和终止求解选项，最后进行求解。

5. 查看结果

待分析完后，进入通用后处理模块（POST1），查看某特定时刻的屈曲模态和应力应变云图，或可生成结果动画。进入时间历程后，处理器（POST26）可生成所需节点的荷载—位移曲线，或随时间变化的轴力、应力—应变曲线。

4.1 真型试验计算模型的建立

1. 模型单元选取

选用BEAM188单元模拟模板支架中的立杆与水平杆。BEAM188单元适用于分析细而长的梁。该元素是基于Timoshenko梁的结构理论，并考虑了剪切变形对其的影响。Beam188属于三维线性或者二次梁单元。每个节点均有六个或者七个自由度，KEYOPT（1）的值决定了自由度的个数。当KEYOPT（1）=0即缺省时，每个节点为六个自由度，分别为节点坐标系的绕X、Y、Z轴的转动和X、Y、Z方向的平动。当KEYOPT（1）为1时，每个节点均有七个自由度。该单元非常适合解决线性、大角度转动和非线性大应变问题。模拟“半刚性”连接通过combin14单元来实现，该单元为弹簧阻尼单元，可以模拟出一维、二维或三维空间在纵向或扭转的弹性—阻尼效果。模型单元选取，如图4-1所示。

2. 几何节点处理

扣件式模板支撑体系的半刚性节点是指立杆和纵、横向水平之间用直角扣件连接的节点。扣件式钢管模板支撑体系上下立杆连接的半刚接节点可以视为是一个转角弹簧节点，在ANSYS有限元分析中，用combin14单元来模拟。由于扣件连接的模板钢管支架节点既不是理想的铰接，也不是完全的刚接，而是一种半刚性的连接，其刚性强弱主要由扣件连接的螺栓拧紧程度来决定。

3. 计算模型简述

运用ANSYS有限元分析软件对6组模型试验进行模拟研究，研究的原则为：计算模型的建立尽量与可调支托伸出长度试验相符合。以试验2的有限元模型为例，说明一下6组有限元计算模型的主要结构特征如图4-2所示。模板支架纵距为1.2m，横距为0.8m，步距为1.5m，扫地杆距离地面0.2m，按纵下横上设置，立杆顶端伸出0.2m。可调支托伸出长度为0.2m，对中间立杆进行单杆加载。

从图4-2中可以看出，本计算模型加载方式是对中间立杆进行单杆加载。立杆底部采用铰接约束处理。直角扣件节点的半刚性连接由弹簧单元进行模拟。模板支架四周无约束。在扣件式模板支架底部设置扫地杆。建模时，不考虑风荷载、水平荷载和动力荷载的影响。在实际工程中，由于模板支架为可循环材料，杆件

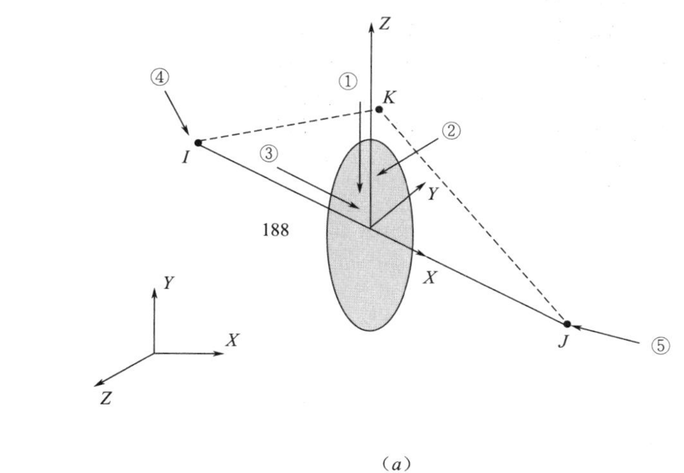

（a）

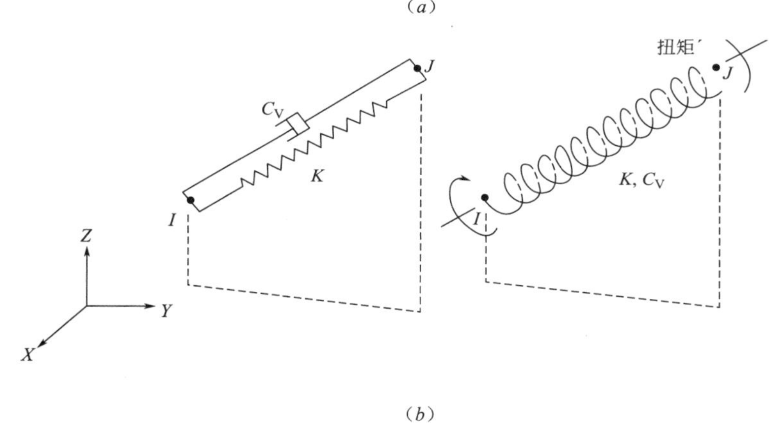

（b）

图 4-1　单元选取示意图
（a）Beam188 单元示意图；（b）Combin14 单元示意图

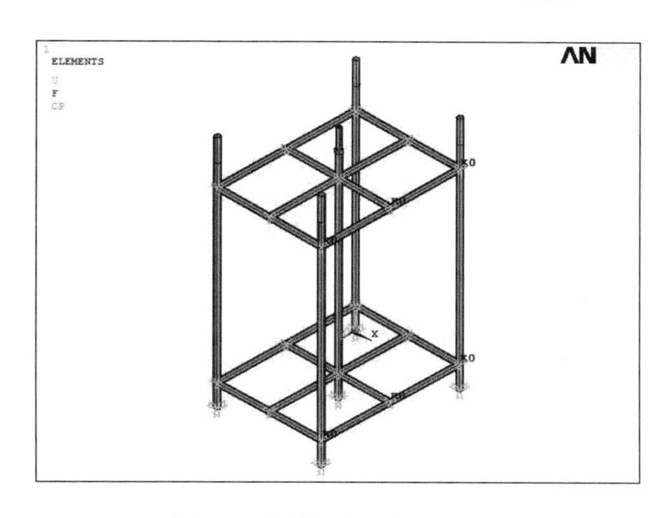

图 4-2　整体加载下有限元模型

弯曲、锈蚀等初始缺陷难免存在，本计算模型不考虑上述初始缺陷对模型承载力的影响。

采用 ϕ48 × 3.0 钢管，其截面特征见表 4-1，材料参数见表 4-2。

钢管截面特征　　表 4-1

外径 d（m）	壁厚 t（m）	截面积 A（cm^2）	惯性矩 I（cm^4）	截面模量 W（cm^3）	回转半径 i（cm）
0.048	0.03	4.24	10.8	4.5	1.59

钢管材料参数　　表 4-2

弹性模量（Pa）	泊松比 μ	屈服强度（Pa）	密度（kg/m^3）
2.06×10^{11}	0.25	2.05×10^{8}	7800

4.2 有限元模拟分析结果

4.2.1 特征值屈曲分析

1．稳定承载力对比

首先对有限元模型进行静力分析，再对模态进一步扩展，得出模型的稳定承载力以及屈曲模态。各有限元模型承载力计算结果如图 4-3 所示。

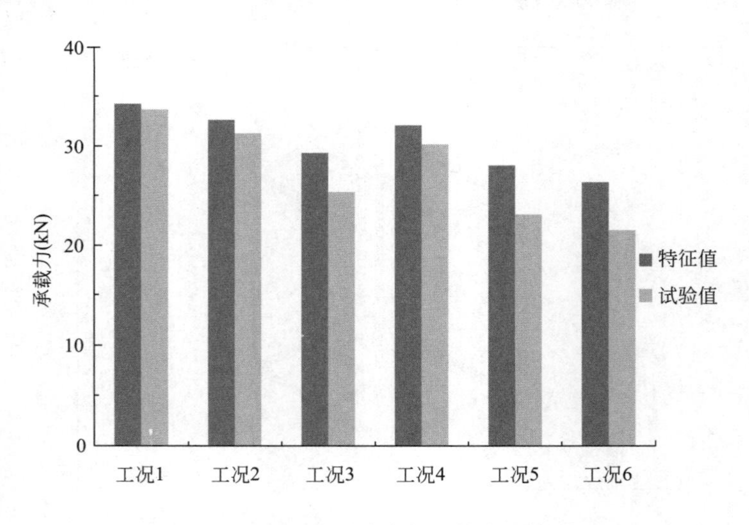

图 4-3　各对比试验立杆承载力比较图

从各对比试验立杆承载力比较图可以发现：可调支托伸出长度和立杆伸出水平杆长度的变化对模板支撑体系的单杆稳定承载力影响很大，这与试验结果得出的规律相似。在模板支架搭设参数相同的情况下，随着 a 值的增加，整个模板支撑体系的稳定承载力总体上呈下降趋势，且用特征值计算出来的屈曲荷载比试验结果大。工况 1 用特征值分析方法得出的承载力为 34.29kN，试验得出的承载力为 33.7kN，特征值屈曲荷载比试验结果大了 1.72%；工况 2 用特征值分析方法得出的承载力为 32.65kN，试验得出的承载力为 31.30kN，特征值屈曲荷载比试验结果大了 4.13%。

随着 a 值的增加，特征值计算出来的屈曲荷载比试验结果下降的趋势较缓。当工况 2 与工况 1 相比，a 值由 0.3m 增加到 0.4m，用特征值分析方法得出的承载力下降了 4.78%，试验所得的承载力降低 7.12%；工况 3 与工况 1 相比，a 值由 0.3m 增加到 0.5m，用特征值分析方法得出的承载力下降了 14.44%，试验所得的承载力降低 24.62%；工况 6 与工况 1 相比，a 值由 0.3m 增加到 0.6m，用特征值分析方法得出的承载力下降了 23.1%，试验所得的承载力降低 36.20%。a 值越大，试验所得的承载力比用特征值分析方法得出的承载力降低得越快。

通过对比工况 2 与工况 4 的试验结果与模拟分析结果可以发现，当 a 值相同，$a_2 > a_1$ 时，在试验中，模板支架的稳定承载力从 31.3kN 降低到 30.2kN。有限元模拟中，模板支架整体稳定承载力从 32.65N 降低到 32.1kN，降低了 16.85%。两者所得结论相符，都证明了在 a 值相同的前提下，可调支托伸出长度对整个架体的稳定承载力起着重要作用。在 a 值相同的情况下，可调支托伸出长度越长，越容易承受偏心荷载，大大削弱整个模板支架的承载能力。当 a 值增加到 0.6m 时，架体屈曲形式已相当于悬臂立柱屈曲模式，这就说明了 a 值越大，单杆立杆承载力越小的原因。

2. 特征值屈曲分析失稳模态

查看结构模型的屈曲模态是特征值屈曲分析的一个重要步骤，屈曲模态是有限元模型失稳时最容易发生的变形，进行模态分析有助于发现有限元模型的薄弱环节，特别是第一阶模态可作为非线性屈曲分析时初始几何缺陷。以工况 2 的有限元模型为例，给出在特征屈曲分析时得到的模型的屈曲模态，如图 4-4 所示。

通过特征值屈曲分析发现，6 组有限元模型的屈曲模态具有相似的特征，其屈曲模式为半波屈曲。以工况 2 的模态图为例，模板支架在达到临界承载力发生失稳破坏时，可调支托和立杆伸出水平杆部位产生较大的侧移，架体的下部以及中部的侧移都非常小，几乎为零。可调支托顶端侧移最大，发生了明显的失稳，导致结构无法再承载荷载。因此，在实际施工过程中，应充分考虑可调支托和立

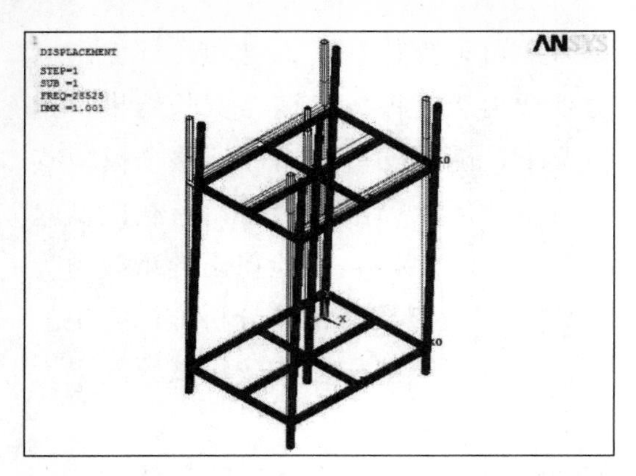

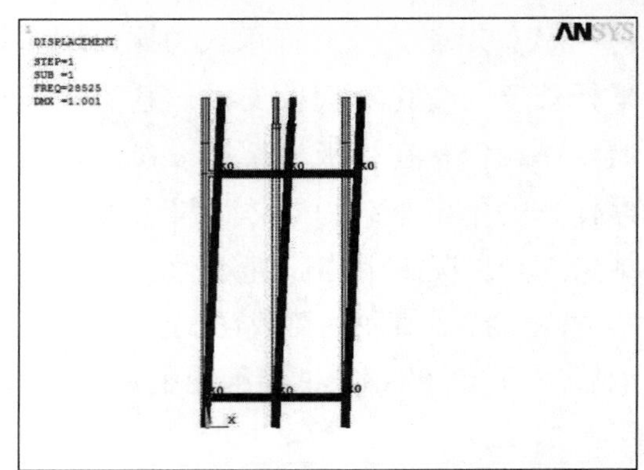

图 4-4　特征值屈曲分析失稳模态

杆伸出水平杆的长度对模板支架的影响。由于可调支托螺母连接，荷载从可调支托传给了立杆。使立杆也有一定程度的弯曲。

4.2.2 非线性屈曲分析

运用 Preprocessor—Modeling—Update Geom 功能，按照一定比例，将特征值屈曲分析的第一阶模态引入到非线性屈曲分析中，并作为非线性屈曲分析的初始缺陷。并采用牛顿—拉弗逊迭代法进行求解。得到了 6 组有限元模型的稳定承载力、荷载—位移曲线。计算结果见表 4-3。

承载力对比　　**表 4-3**

计算模型	1	2	3	4	5	6
特征值屈曲荷载 P_{σ}（kN）	34.29	32.65	29.34	32.1	28.07	26.362
极限承载 P_{μ}（kN）	30.50	28.63	24.54	27.36	22.03	20.93
P_{σ}/P_{μ}	1.12	1.14	1.20	1.17	1.27	1.26

由表 4-3 可知，扣件式钢管模板支撑体系由于考虑初始缺陷和几何非线性的影响，其特征值屈曲分析的稳定承载力平均要高于非线性屈曲分析的极限承载力。因为在特征值屈曲分析中，不考虑初始缺陷和材料的属性对整个模板支撑体系稳定承载力的影响，有限元模型是一个整个理想化的轴心受压杆件体系。综上所述，模板支架的初始缺陷对极限承载力影响很大。因此，在考虑各种对结构本身不利因素的情况下，应参照特征值屈曲分析中的失稳模态，优先考虑非线性屈曲分析的承载力结果。由于考虑诸多不利因素的影响，非线性静力分析更能模拟出结构

在真实情况下的受力特点，具有一定的可靠性和安全性。

由各组试验的极限荷载对比可知，在步距及纵、横距相同的条件下，与 a 值为 0.3m 的情况相比，a 值为 0.4m 时的单杆立杆稳定承载力降低幅度不大，在 10% 以内，但当 a 值增加到 0.5m 和 0.6m 时，单杆立杆稳定承载力大幅度下降，最大值达到 32%。所以，在一般情况下，a 值不宜超过 0.4m。

1．竖向变形分析

模型 Y 方向位移变形云图，如图 4-5 所示。

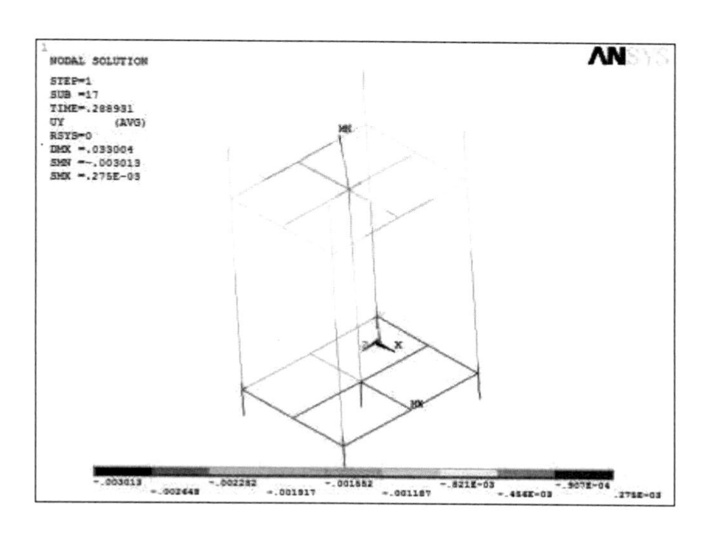

图 4-5　模型 Y 方向变形云图

6 组有限元模型的位移变形云图具有相似变化趋势，以试验 2 的位移变形云图为例，模板支架的 Y 方向变形主要发生中间立杆伸出水平杆部位和可调支托处。可调支托顶端侧移量最大，变形最大处侧移量为 3.0mm。模板支架的下部侧移量非常小，几乎为零，四周立杆也因水平杆的连接产生了侧移，侧移量随着高度的增加增大。

2．侧向变形分析

模型侧向位移变形云图，如图 4-6 所示。

从 X 方向位移变形云图可以看出，模板支架的 X 方向变形主要发生在顶层水平杆和立杆伸出水平杆上的部分。中间立杆可调支托顶端的侧移量最大，变形最大处侧移量为 33.0mm。模板支架的下部侧移量非常小，几乎为零，立杆的侧移随着高度增加而增大。从 Z 方向位移变形云图可以看出，模板支架的 Z 方向位移变形量非常小，几乎为零。

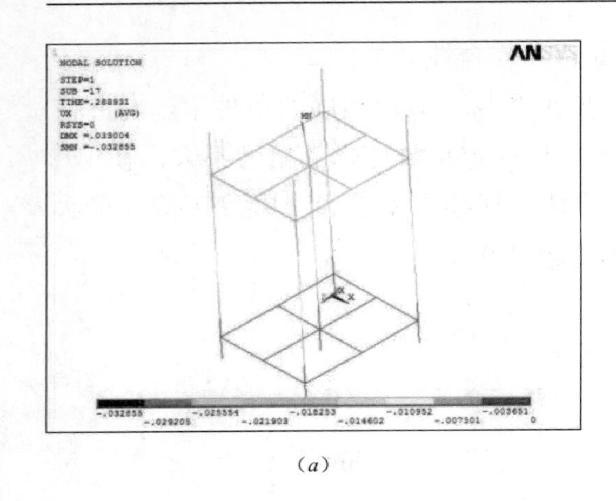

(*a*)

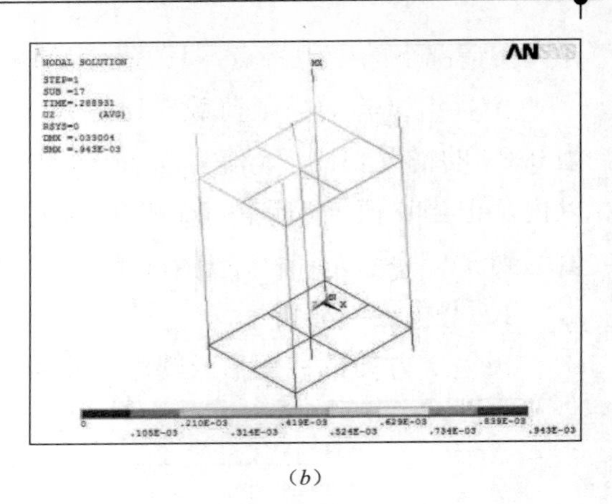

(*b*)

图 4-6　模型变形云图

(*a*) *X* 轴变形云图；(*b*) *Z* 轴变形云图

由表 4-4 可以看出，可调支托高度和立杆伸出水平杆上的长度对模板支架顶端最大侧移量有很大的影响，且可调支托高度和立杆伸出水平杆上的长度的增加与模板支架最大侧移量的增加并不是线性的关系。对比工况 1、工况 2 和工况 3，可调支托的高度为 200mm，立杆伸出水平杆长度由 100mm 增加到 300mm 时，模板支架最大侧移量依次增加了 3.0%、5.4%,；对比工况 4、工况 5 和工况 6，可调支托的高度为 300mm，立杆伸出水平杆长度由 100mm 增加到 300mm 时，模板支架最大侧移量依次增加了 6.4% 和 7.8%，这说明模板支架顶端最大侧移量随着立杆伸出水平杆长度的增加而增大。

有限元模型最大横向位移　　**表 4-4**

序号	1	2	3	4	5	6
最大横向位移（mm）	30.3	31.2	33.0	32.1	34.3	37.2

对比工况 1 和工况 4，立杆伸出水平杆长度为 100mm，可调支托的高度由 200mm 增加到 300mm 时，模板支架最大侧移量依次增加了 5.6%；对比工况 2 和工况 5，立杆伸出水平杆长度为 200mm，可调支托的高度由 200mm 增加到 300mm 时，模板支架最大侧移量依次增加了 9.0%，这同时说明模板支架顶端最大侧移量也随着可调支托伸出长度的增加而增大。由此可以得出结论，可调支托高度和立杆伸出水平杆上的长度对模板支架顶端最大侧移量有很大的影响，其原因在于可调支托和立杆伸出水平杆相当于悬臂柱，悬臂长度越大，越容易产生较大的侧移量。

3. 应力分析

模型应力变形云图，如图 4-7 所示。

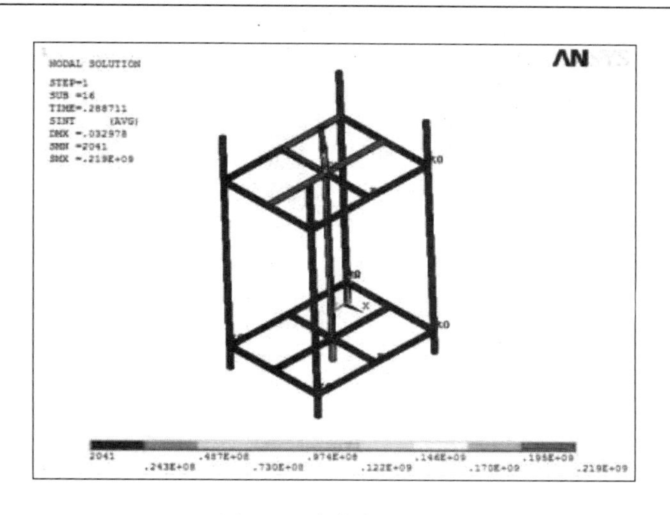

图 4-7　应力变形云图

通过非线性屈曲分析发现，6 组有限元模型的应力变形云图具有相似的特征。以工况 2 的最大应力云图为例，架体模型的破坏属于失稳破坏，中间立杆受力最大，最大应力出现在立杆从伸出水平杆到与可调支托的螺母处。破坏时，中间立杆最大应力最大值能达到 219MPa，处于塑性工作阶段，其他杆件应力值大部分都控制在 24MPa 以下，处于弹性工作阶段，两者应力差距较大。因此，在对模板支架单杆加载的情况下，对各组试验应力比较时只考虑可调支托和中间立杆伸出水平杆部分。

4. 轴力分析

在 ANSYS 中通过 ETABLE、Lab、LS、1 命令创建各个杆件轴向应力的单元表，并通过 Plot Results/Contour Plot/Elem Table 步骤显示杆件的轴向应力云图。分别提取模板支架中间立杆试验轴力值与特征值分析、非线性分析的轴力值进行对比，如图 4-8 所示。

由图 4-8 可知，特征值屈曲分析和非线性分析的立杆轴力—荷载曲线均成线性分布，且两个曲线与试验的曲线符合较好，其中引入初始缺陷的非线性分析计算出的曲线和试验轴力值拟合的曲线更加接近，这说明引入初始缺陷的非线性分析更能模拟出模板支架中间立杆在实际情况下的轴力变化特点。

5. 荷载位移曲线

进入时间历程后处理器，得到了荷载—横向位移曲线。以工况 2 的有限元模型为例，可调支托伸出长度为 0.2m，立杆伸出水平杆长度为 0.2m，节点的荷载—位移曲线如图 4-9 所示。

此模型的荷载和位移之间的非线性关系是比较明显的。开始加载时，随着荷

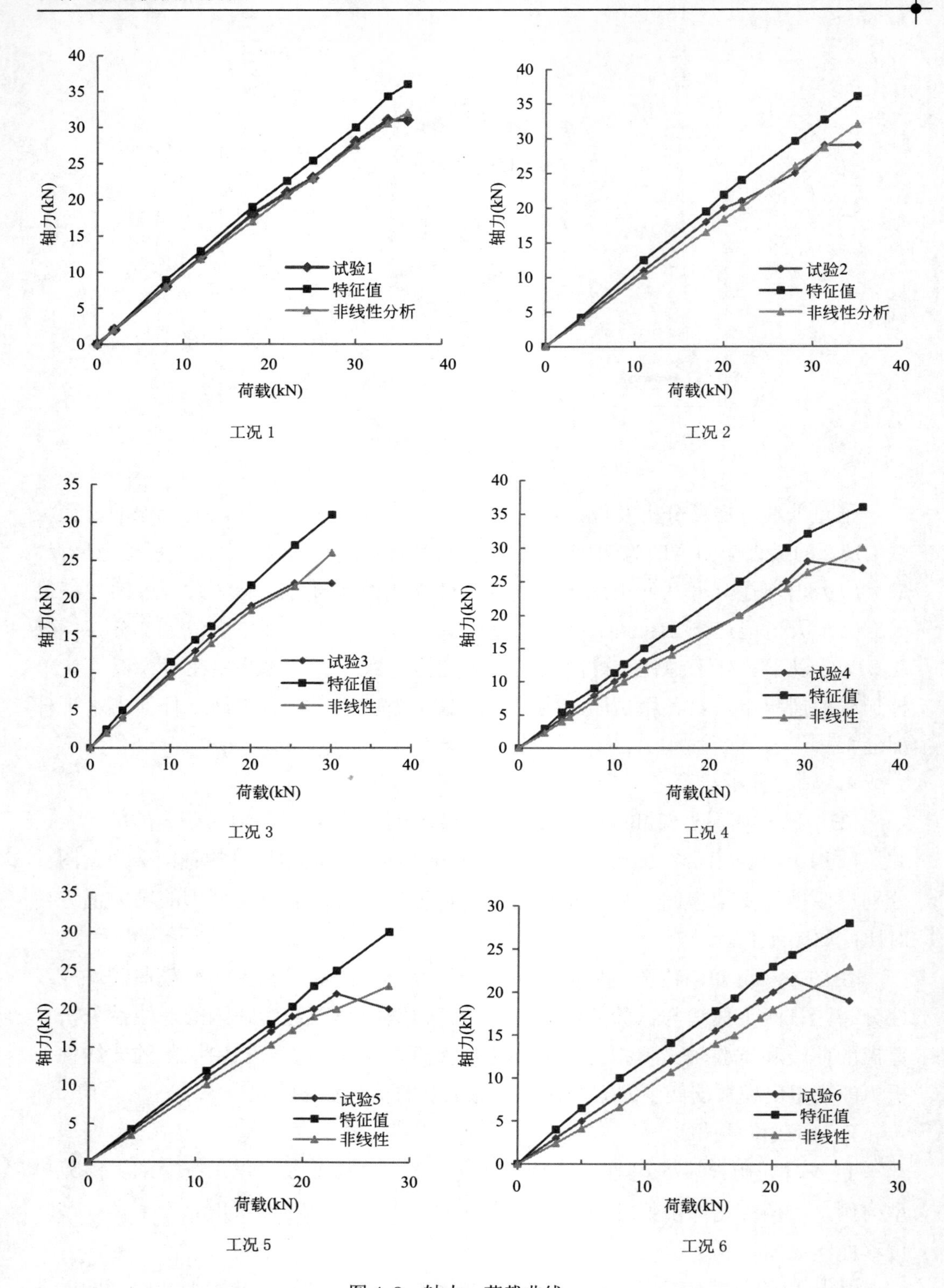
轴力(kN)
荷载(kN)
试验1
特征值
非线性分析
工况 1
试验2
特征值
非线性分析
工况 2
试验3
特征值
非线性
工况 3
试验4
特征值
非线性
工况 4
试验5
特征值
非线性
工况 5
试验6
特征值
非线性
工况 6

图 4-8　轴力—荷载曲线

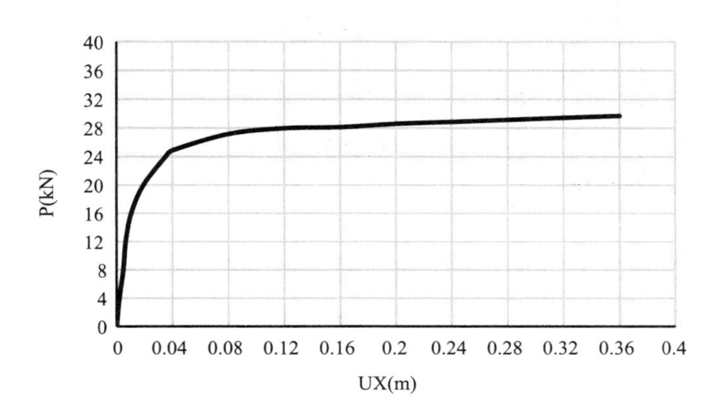

图 4-9　荷载—位移曲线

载的增加位移也缓慢的增大。在加载的最初阶段，荷载—位移曲线呈现线性，当达到某一个荷载值即非线性分析的屈曲荷载时，荷载只小幅增加，位移陡增，直到出现一个平台，结构不能继续承载，模板支架发生结构破坏。

4.3　试验结果与理论分析对比

4.3.1　承载力对比

通过 ANSYS 有限元软件对 6 组模型试验进行几何非线性分析，并对扣件式模板支架进行试验研究。把两种研究方法获得的承载力结果进行比较，见表 4-5。

承载力对比　　表 4-5

序号	有限元计算值（kN）	试验值（kN）	误差（%）
工况 1	30.5	33.7	9.5
工况 2	28.63	31.3	8.5
工况 3	24.54	25.4	3.4
工况 4	27.36	30.2	9.5
工况 5	22.03	23.1	4.7
工况 6	20.93	21.5	2.7

从表 4-5 可知，6 组试验模型的极限承载力值和试验值存在一定的误差，但

误差不大，这说明考虑初始缺陷和几何非线性的有限元分析，能够较真实地表明试验模型在实际情况下的受力特点，因此，采用的有限元模拟方法基本正确。产生误差的主要原因如下：

（1）实际试验中，钢管可能存在一定的锈蚀、弯曲。

（2）在有限元分析中，立杆的截面参数是统一的，而在试验中钢管壁厚的离散型使钢管的刚度比其在有限元模拟时的相比较不均匀。

（3）在有限元分析中，扣件连接的模板支架节点采用半刚性连接，节点刚度是统一的，而在实际试验中，模板支架扣件螺栓的拧紧力矩可能有差异。

用有限元分析方法得出的极限承载力值比试验结果小，这是因为在几何非线性分析中，对初始缺陷、扣件螺栓拧紧力的取值过于保守；对几何非线性、材料塑性和试验过程中随机因素考虑得不太充分。

4.3.2 破坏模式对比

将试验得出的破坏模式和利用有限元几何非线性分析得出的破坏模式进行比较，见表 4-6。

破坏模式对比　　表 4-6

序号	研究方法	破坏模式
工况 1	试验	中间立杆发生屈曲
	有限元	中间立杆发生屈曲
工况 2	试验	中间立杆发生屈曲
	有限元	中间立杆发生屈曲
工况 3	试验	中间立杆发生屈曲
	有限元	中间立杆发生屈曲
工况 4	试验	中间立杆发生屈曲
	有限元	中间立杆发生屈曲
工况 5	试验	可调支托螺母脆性破坏
	有限元	中间立杆发生屈曲
工况 6	试验	可调支托螺母脆性破坏
	有限元	中间立杆发生屈曲

通过破坏模式对比表可以看出，工况 1 ～工况 4 有限元软件分析破坏模式与实际试验基本吻合，破坏模式为半波屈曲。而工况 5 和工况 6 的有限元软件分析与实际试验的破坏模式存在一些差异，这是因为在有限元分析中将可调支托螺母和立杆、螺杆与螺栓的连接设为刚接，过于保守，而实际试验中可调螺母只是达到与立杆紧扣的程度；随着可调支托高度的不断升高，可调支托无法保证与立杆同心，就容易承受偏心荷载，大大降低了可调螺母的承载能力；有限元分析中对初始缺陷考虑是不够充分的。

4.3.3　应力结果对比

通过试验得出的应力—荷载曲线（图 3-14）和有限元几何非线性分析获得的应力图（图 4-8）相比较，可以看出它们的应力结果基本符合。工况 1 ～工况 4 架体的破坏形式为中间单杆立杆屈曲破坏，可调支托 U 形槽和中间立杆伸出顶层水平杆段的应力最大，其值都在 200MPa 以下，架体整体处于弹性工作阶段。工况 5 和工况 6 实际试验破坏模式与有限元分析的有所不同，主要是体现在可调螺母的应力结果上。在有限元分析中，应力最大部位出现在立杆伸出顶层水平杆段，而试验结果却是可调螺母达到承载极限，造成这种差异的原因主要是有限元分析中考虑将可调支托螺母和立杆、螺杆与螺栓的连接过于保守，将其均设为刚接，而实际试验中可调螺母只是达到与立杆紧扣的程度，很大程度上降低了可调螺母的承载能力。

对比各试验的试验和有限元分析结果可知，a 的取值范围可以控制在 400mm 以内，若超过 400mm，则大大降低稳定承载力，很容易发生失稳破坏。因此，当立杆悬伸段高度超过 0.5m 时，应采取相应的加强措施。a 值不应超过 0.4m，以使模板支撑体系的安全性得到切实的保障。

4.4　可调支托试验拓展研究

由于试验条件和场地有限，只能在试验室内采用单杆立杆加载方式对简化后的扣件式钢管模板支撑体系的可调支托进行破坏性试验研究。然而，在单杆加载方式下的模板支撑的试验结果具有局限性，与扣件式钢管模板支撑体系在实际工程情况下的受力特点有一定差距。因此，在上述真型试验的基础上，采用 ANSYS 有限元软件对扣件式钢管模板支撑体系可调支托试验作拓展研究，得出在整体加载方式下，可调支托伸出长度对扣件式钢管模板支撑体系整体稳定性的影响。

4.4.1 拓展研究计算模型

本章拓展研究共建立了7组不同搭设情况下模板支撑体系，具体搭设情况见表4-7。立杆间距1.2m×0.9m，水平拉杆步距1.148m。拓展模拟模型图如图4-10～图4-12所示。按照《建筑施工模板安全技术规范》（JGJ 162—2008）的构造要求，四周均布置剪刀撑。模板支架中的立杆、水平杆和剪刀撑均采用BEAM188单元。钢管的弹性模量为2.06×10^{11}Pa，屈服强度为2.05×10^{8}Pa，泊松比为0.25，密度为$7800kg/m^3$。采用弹簧单元combin14来模拟模板支架扣件连接节点的半刚性性质。

拓展模型参数设置 **表4-7**

拓展模型	纵距（m）	横距（m）	步距（m）	立杆伸出长度 a_1（m）	可调支托伸出螺杆长度 a_2（m）
1	0.9	1.2	1.148	0.1	—
2	0.9	1.2	1.148	0.1	0.2
3	0.9	1.2	1.148	0.2	0.2
4	0.9	1.2	1.148	0.3	0.2
5	0.9	1.2	1.148	0.1	0.3
6	0.9	1.2	1.148	0.2	0.3
7	0.9	1.2	1.148	0.3	0.3

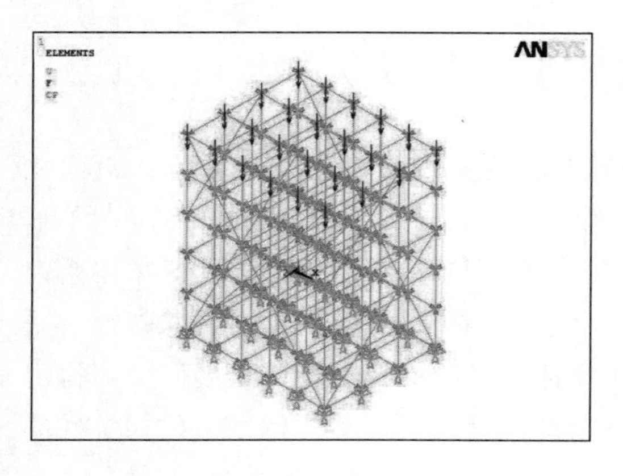

图4-10 拓展模型立体图

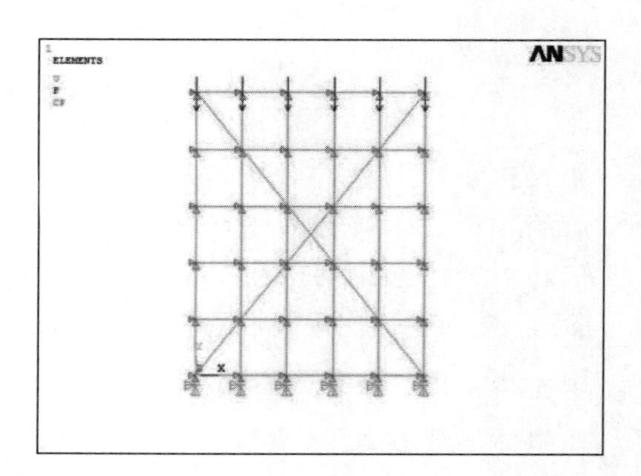

图4-11 拓展模型 *Y-X* 立面图

运用 ANSYS 有限元分析软件对 7 组拓展模型进行模拟研究，以模型 2 为例，说明 7 组有限元计算模型的主要结构特征：

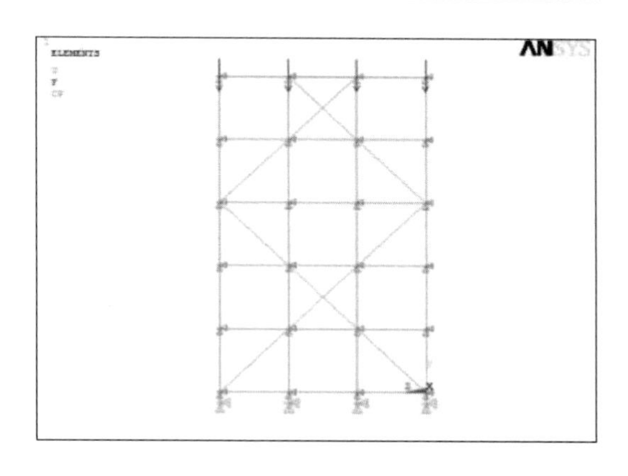
图 4-12 拓展模型 Y-Z 立面图

（1）从图 4-10 ～图 4-12 中可以看出，拓展模型的加载方式是对架体进行整体加载。

（2）直角扣件节点的半刚性连接由弹簧单元进行模拟。

（3）建模时，不考虑风荷载、地震荷载和动力荷载的影响。

（4）扣件式钢管模板支撑体系四周设置剪刀撑，底部设置扫地杆，其离地面的距离为 0.2m。

4.4.2 特征值屈曲分析

1. 特征值屈曲荷载

各组拓展模型特征值屈曲荷载如图 4-13 所示。

从各组拓展模型特征值屈曲荷载图可以看出，在模板支撑体系搭设参数相同的情况下，随着 a 值的增加，整个架体的稳定承载力从总体上看呈下降趋势，立

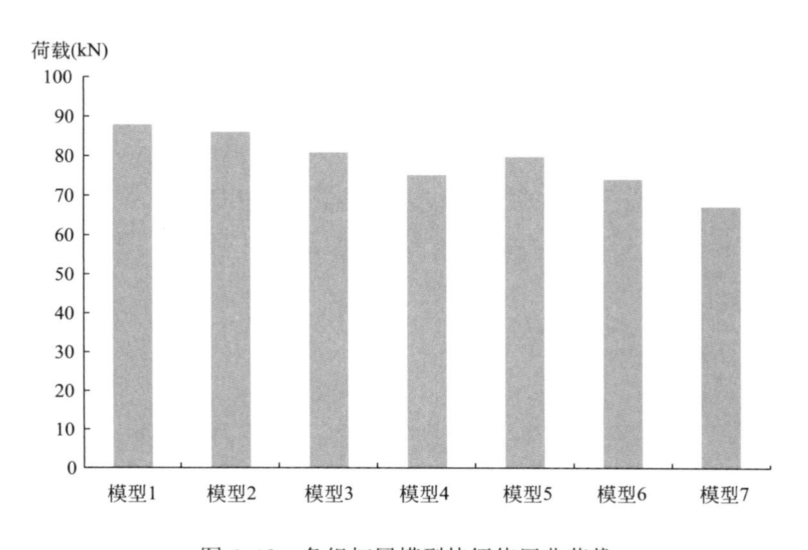

图 4-13 各组拓展模型特征值屈曲荷载

杆伸出水平杆长度和可调支托伸出长度的变化对模板支撑体系的整体稳定承载力影响很大。

2．屈曲模态分析

特征值屈曲模态可以反映有限元模型的薄弱环节，下面给出了各组拓展模型在进行特征值屈曲分析时得出的屈曲模态。

（1）模型 1

模型 1 的特点是在立杆顶端不设置可调支托，采用有限元软件对模型 1 进行特征值屈曲分析，得出其失稳模态，如图 4-14 所示。

由特征值屈曲分析图可以看出，与试验模型的屈曲模态相比，由于架体四周设置了剪刀撑，其整体抗侧移刚度得到很大的增强，所以模板支架屈曲模态为半波屈曲，模型最大位移发生在模板支架立杆的中间位置，且发生在整体平面刚度较小的横向，这说明模板支架的侧向变形是由平面刚度较小的横向刚度控制的。

（2）模型 2

与模型 1 相比，模型 2 在立杆顶端设置了可调支托，可调支托长度为 0.2m，其失稳模态如图 4-15 所示。

由特征值屈曲分析得，模型 2 的屈曲模态为半波屈曲，屈曲时的最大位移出现在模板支架立杆的中间部位。由于增设了可调支托，拓展模型 2 屈曲时的半波幅度小于拓展模型 1 的半波幅度。这说明合理控制可调支托的伸出长度，有助于提高架体的整体稳定性。

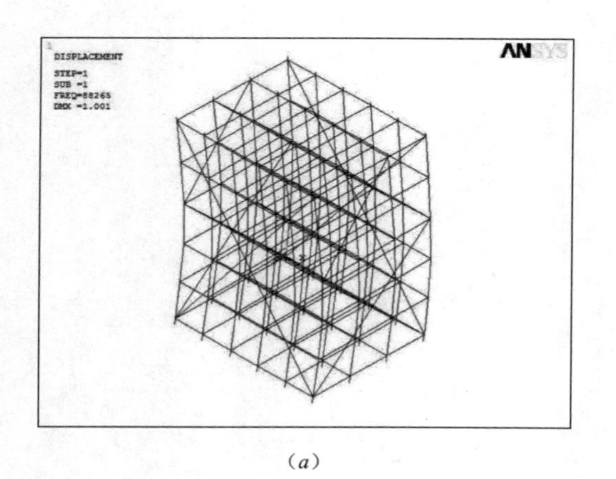

（*a*）

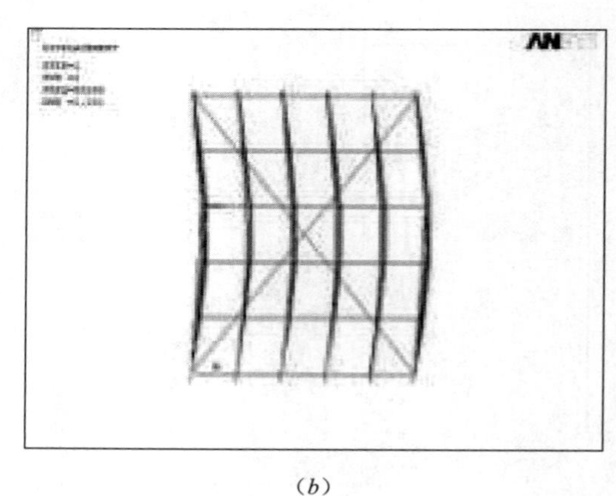

（*b*）

图 4-14　模型 1 特征值失稳模式

（*a*）模型 1 失稳模式三维视图；（*b*）模型 1 失稳模式立面图

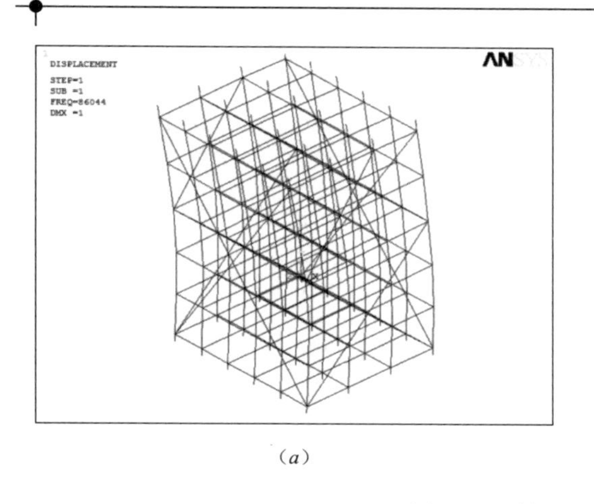

（*a*）

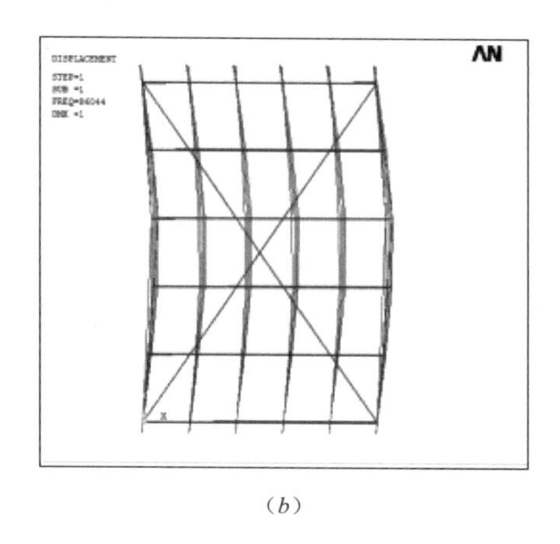

（*b*）

图 4-15　模型 2 特征值失稳模式

（*a*）模型 2 失稳模式三维视图；（*b*）模型 2 失稳模式立面图

（3）模型 3

模型 3 在模型 2 的基础上，将立杆伸出长度改为 0.2m，其失稳模态如图 4-16 所示。

由特征值屈曲分析可知，拓展模型 3 的屈曲模态为半波屈曲。屈曲时，架体底部的侧移量几乎为零，可调支托顶端侧移量有所增加，立杆的中间位置侧移量最大。

（4）模型 4

模型 4 的特点是可调支托伸出长度与立杆伸出水平杆长度之和为 0.5m。这个

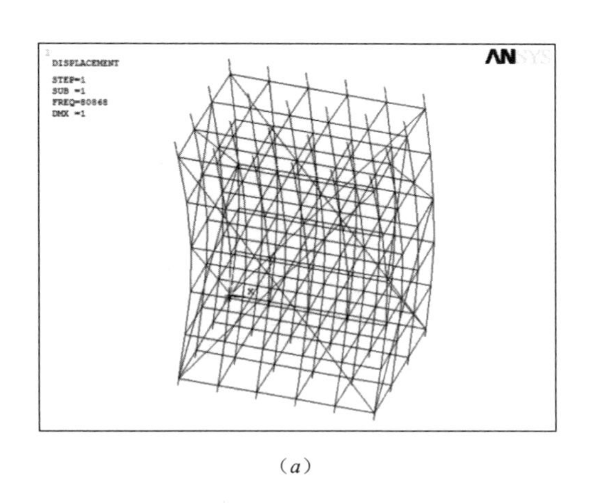

（*a*）

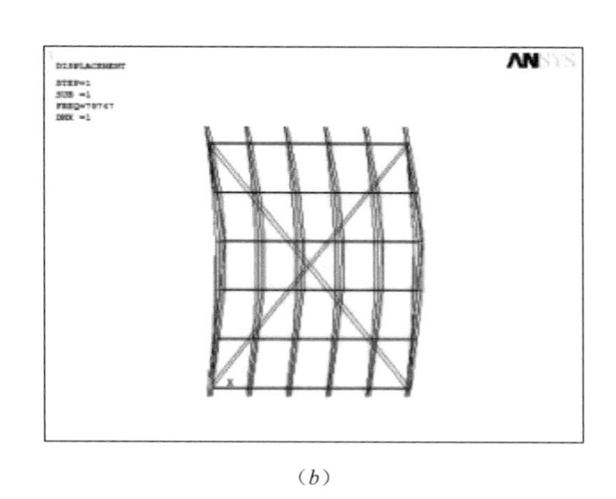

（*b*）

图 4-16　模型 3 特征值失稳模式

（*a*）模型 3 失稳模式三维视图；（*b*）模型 3 失稳模式立面图

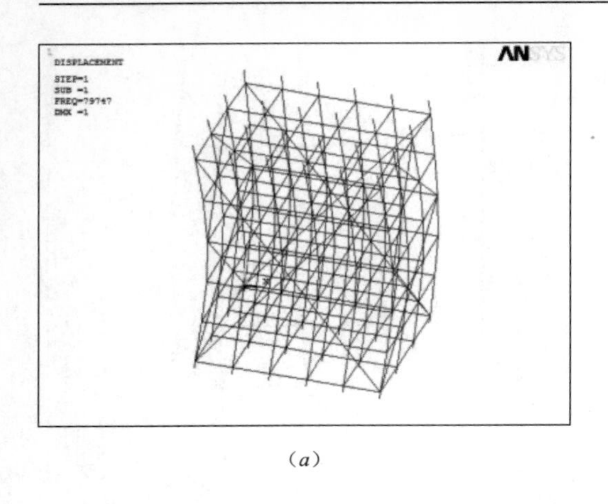

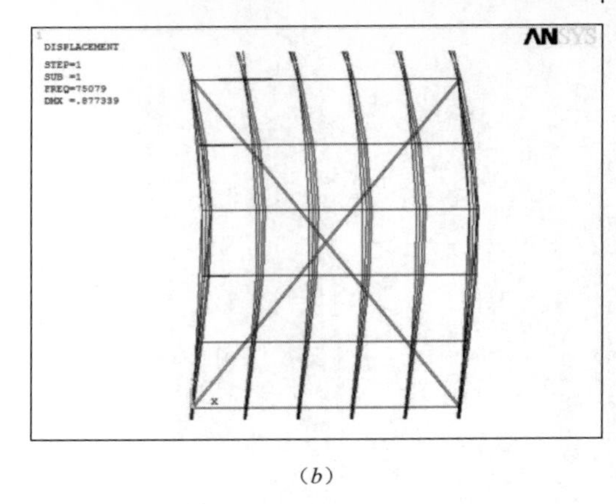

（*a*）　　　　（*b*）

图 4-17　模型 4 特征值失稳模式

（*a*）模型 4 失稳模式三维视图；（*b*）模型 4 失稳模式立面图

长度已经是《建筑施工扣件式钢管脚手架安全技术规范》（JGJ 130—2011）对 a 值规定的最大限值。采用有限元软件对模型进行特征值屈曲分析，得到的屈曲模态如图 4-17 所示。

由于 a 值的增加，模板支架发生屈曲时，模型 4 的整体屈曲幅度大于模型 3 的幅度，且可调支托侧移量明显高于前几个模型的侧移量，这说明可调支托伸出长度越长，模板支架整体稳定性越低。

（5）模型 5

模型 5 在模型 2 的基础上将可调支托伸出长度增加到 0.3m，且立杆伸出水平杆长度小于可调支托伸出长度。

由图 4-18 可知，模型 5 与模型 2 相比，模板支架的整体屈曲幅度明显增加。这也证明了架体整体稳定性随着可调支托伸出长度的增加而降低的结论。模型 5 与模型 3 相比，模板支架的整体屈曲幅度也明显增加。这就说明，在 a 值是相同的情况下，若可调支托伸出长度大于立杆伸出长度，架体的整体稳定性将大大降低。

（6）模型 6

模型 6 的 a 值为 0.5m，且立杆伸出长度小于可调支托伸出长度。

模型 6 在模型 4 的基础上将可调支托伸出长度增至 0.3m，其立杆中间位置屈曲幅度与模型 4 相比更加明显。模型 6 与模型 5 的相同点为 a 值均为 0.5m，不同之处为模型 6 的可调支托伸出长度大于立杆伸出水平杆长度，而模型 5 的可调支托伸出长度小于立杆伸出水平杆长度。由图 4-18 和图 4-19 相比可以看出，模型 6 的可调支托顶端侧移量比模型 5 的大。

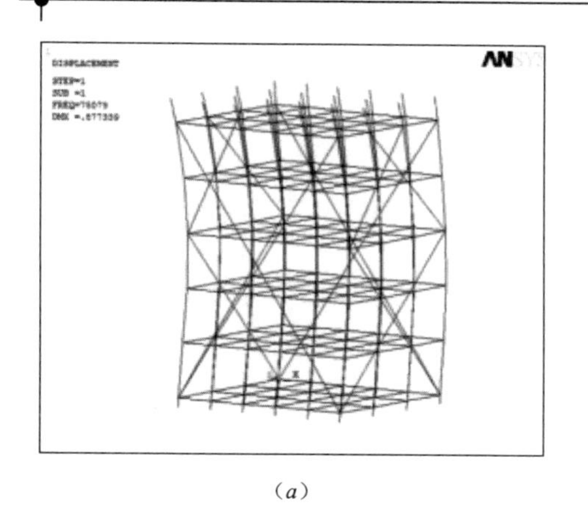

（*a*）

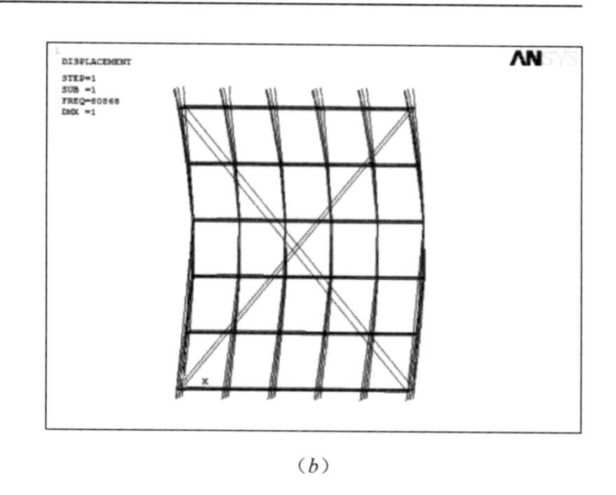

（*b*）

图 4-18　模型 5 特征值失稳模式

（*a*）模型 5 失稳模式三维视图；（*b*）模型 5 失稳模式立面图

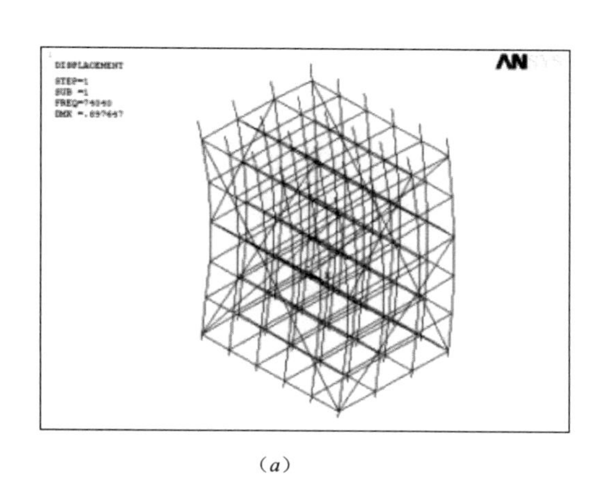

（*a*）

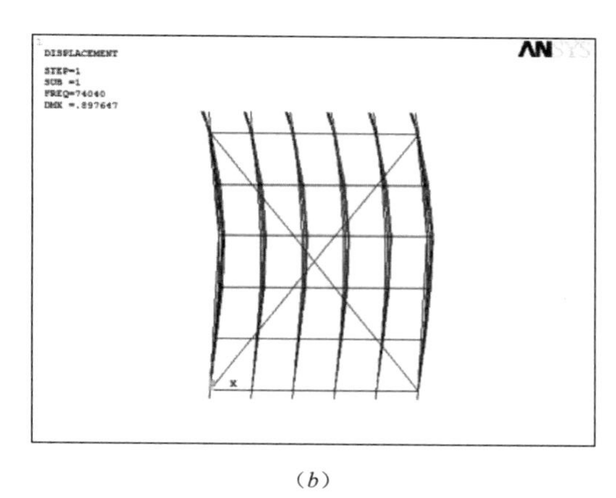

（*b*）

图 4-19　模型 6 特征值失稳模式

（*a*）模型 6 失稳模式三维视图；（*b*）模型 6 失稳模式立面图

（7）模型 7

模型 7 的可调支托长度为 0.3m，立杆伸出水平杆长度为 0.3m，应用有限元软件对模型 7 进行特征值屈曲分析，其屈曲模态如图 4-20 所示。

与其他模型相比，模型 7 的 a 值是最大的，模板支架发生屈曲时，其屈曲幅度和可调支托顶端侧移量均为最大。

在对扩大面积后的模板支撑体系进行整体加载的情况下，得到 7 组有限元拓展模型的屈曲模态具有相似的特征，其屈曲模式均为半波屈曲。这是因为与前章试验模型相比，拓展模型的模板支架在四周设置了剪刀撑，其整体抗侧移刚度得

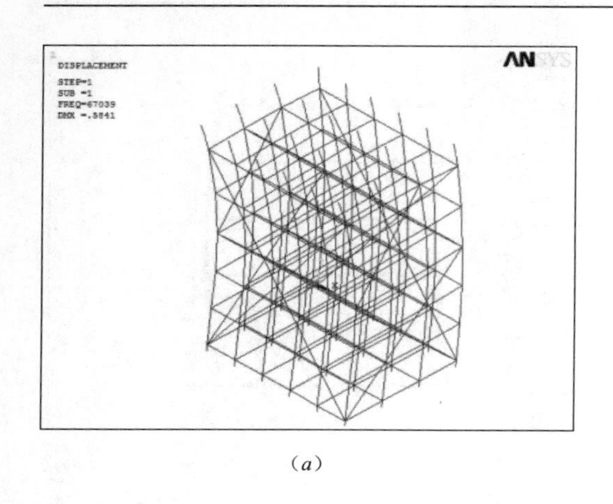

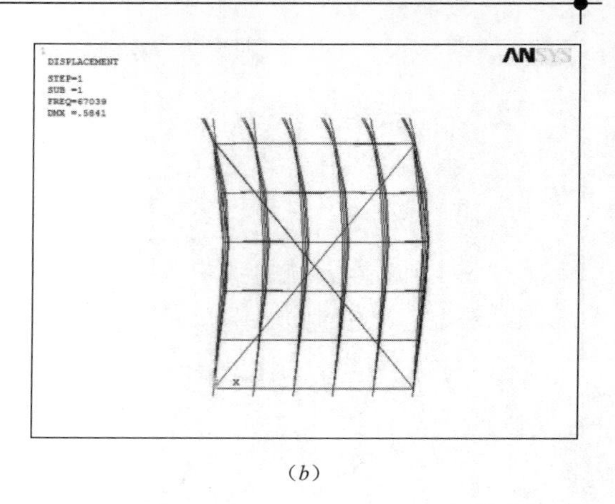

（*a*）　　　　（*b*）

图 4-20　模型 7 特征值失稳模式

（*a*）模型 7 失稳模式三维视图；（*b*）模型 7 失稳模式立面图

到很大程度的增强。在各种搭设情况下，拓展模型在发生屈曲时，模板支架的立杆中间位置产生最大侧移，且发生了明显的失稳，导致结构无法再承受荷载。通过对有可调支托的模板支架和未设置可调支托的模板支架进行对比，发现增设可调支托的模板支架屈曲时的半波幅度小于未加可调支托的半波幅度。这说明合理控制可调支托的伸出长度，有助于提高架体的整体稳定性。随着 a 值的增加，模板支架的屈曲幅度明显增大；当 a 相同时，若可调支托伸出长度大于立杆伸出长度，模板支架屈曲时，可调支托顶端侧移量将大大增加，架体的整体稳定性将明显降低。

4.4.3　有限元模型非线性分析

运用 ANSYS 中 Update　Geom 功能，按照一定比例，将特征值屈曲分析结果导入非线性分析中。然后采用牛顿—拉弗逊迭代法进行求解。

1．非线性屈曲荷载

由图 4-21 可知，立杆伸出水平杆长度和可调支托伸出长度的变化对模板支撑体系在整体加载情况下的稳定承载力影响很大。在模板支撑体系搭设参数相同的情况下，随着 a 值的增加，整个模板支架的稳定承载力从总体上看呈下降趋势。模型 2 用非线性分析方法计算出来的承载力为 67.95kN，模型 3 的承载力为 59.43kN，模型 3 的承载力比模型 2 降低了 12.53%；模型 4 用非线性分析方法计算出来的承载力为 44.68kN，模型 4 的承载力比模型 2 降低了 12.64%；模型 6 用非线性分析方法计算出来的承载力为 43.87kN，模型 6 的承载力比模型 2 降低了 35.43%。可见，当 a 值大于 0.4m 时，承载力下降幅度非常明显。为了模板支撑体系的安全性，在实际应用中 a 值不应超过 0.4m。

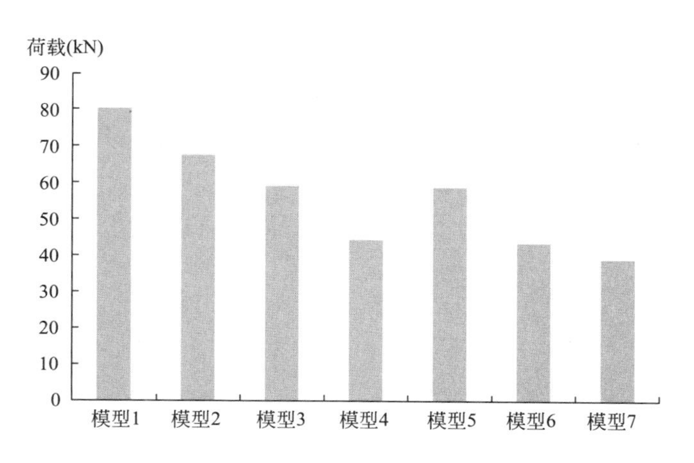

图 4-21　各组模型非线性分析承载力图

通过对比的非线性承载力发现，当 a 值相同的前提下，若 $a_2 > a_1$，架体的稳定承载力将大大降低。模型 3 与模型 5 对比，整体稳定承载力从 59.43kN 降低到 59.12kN，降低了 0.52%；模型 4 与模型 6 对比，整体稳定承载力从 44.68kN 降低到 43.87kN，降低了 1.81%。这就说明可调支托伸出长度对架体的整体稳定承载力起着重要作用。在整体加载的情况下，随着可调支托伸出长度越长，模板支架承受偏心荷载的可能性越大，模板支撑体系的整体稳定承载力越低。这与模板支架在单杆加载方式下得出的稳定承载力的变化规律相近。

拓展模型承载力对比　　**表 4-8**

拓展模型	1	2	3	4	5	6	7
特征值屈曲荷载 P_σ（kN）	87.90	86.04	80.86	75.08	79.75	74.04	67.04
极限承载 P_μ（kN）	80.60	67.95	59.43	44.68	59.12	43.87	39.41
P_σ/P_μ	1.09	1.27	1.36	1.68	1.35	1.69	1.70

由表 4-8 可知，扣件式钢管模板支架在整体加载的情况下，由于考虑初始缺陷和几何非线性的影响，其特征值屈曲分析的稳定承载力平均要高于非线性屈曲分析的极限承载力，这说明模板支架的初始缺陷对极限承载力影响很大。这与扣件式模板支架进行单杆加载的情况下得出的规律相同。

2. 变形分析

（1）竖向变形分析

进入 ANSYS 通用后处理器，查看模型 X、Y 和 Z 方向位移变形云图。在点击 Plot Results，出现 Contour Plot 后选取 Nodal Solu 命令，选择相应选项来查看变形云图。

由图 4-22 可知，7 组有限元拓展模型的位移变形云图具有相似变化趋势，拓展模型 Y 方向变形主要发生在模板支架立杆中间位置和可调支托顶端。立杆中间位置竖向变形量最大，模板支架的下部竖向变形量非常小，几乎为零。

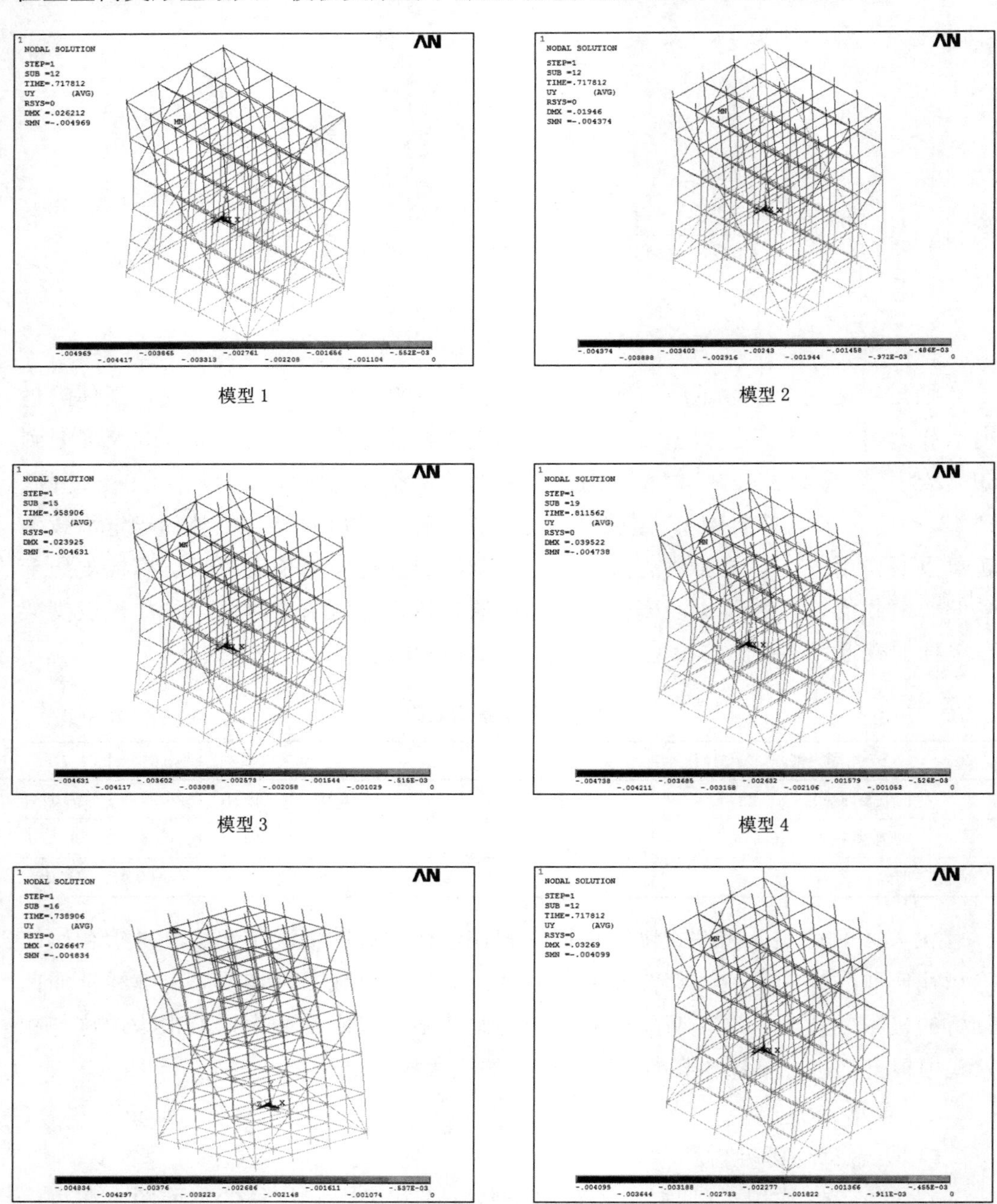

图 4-22　各模型 Y 方向变形云图

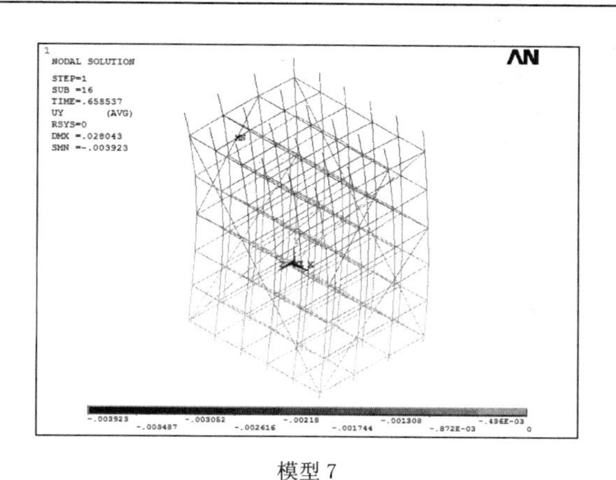

模型 7

图 4-22　各模型 Y 方向变形云图（续）

模型 2 与模型 1 相比，竖向变形量明显降低，这是因为模型 2 在立杆顶端设置了可调支托，上部荷载能直接作用在模板支架立杆的轴线上，使其整体稳定性得到提高。

从各模型 Y 方向变形云图可以看出，随着 a 值的增加，模板支架在 Y 方向的最大竖向变形量也随之增加。模型 2 的最大竖向变形量为 0.01m，模型 3 的最大竖向变形量为 0.02m，侧移量增加了 50%；模型 5 的最大竖向变形量为 0.02m，模型 6 的最大竖向变形量为 0.03m，变形量增加了 34%。

（2）侧向变形分析

由图 4-23 可知，模板支架的侧向变形主要发生在 X 方向，而 Z 方向的变形量非常小，这是因为 X 方向的剪刀撑设置密度小于 Z 方向的，造成 X 方向的平面刚度小于 Z 方向，因此，侧向变形首先发生在 X 方向。

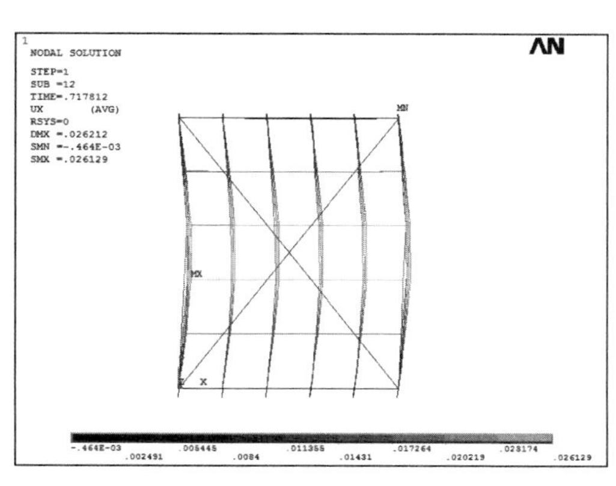

模型 1 在 X 方向的变形云图

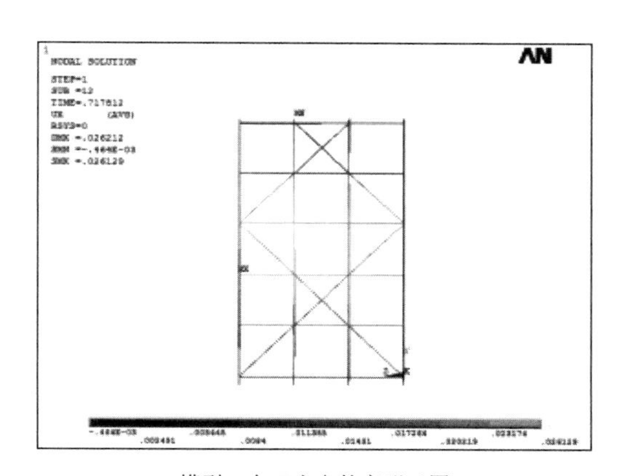

模型 1 在 Z 方向的变形云图

图 4-23　各模型侧向变形云图

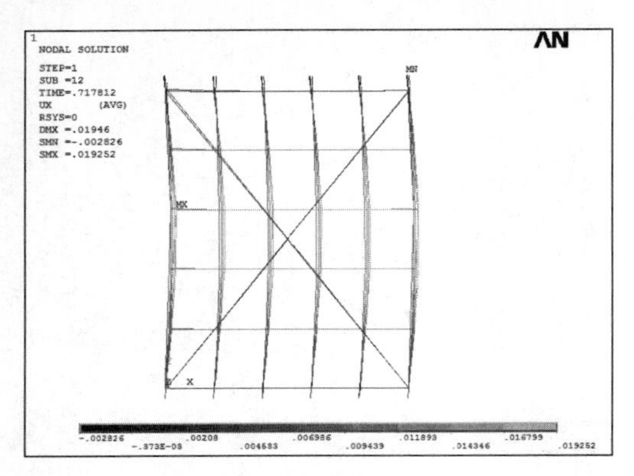

模型 2 在 X 方向的变形云图

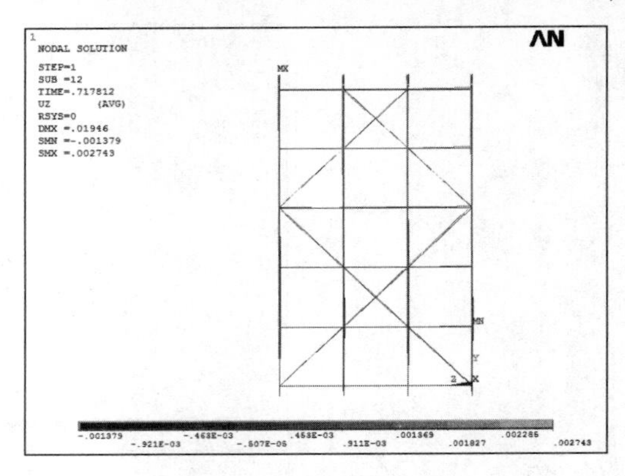

模型 2 在 Z 方向的变形云图

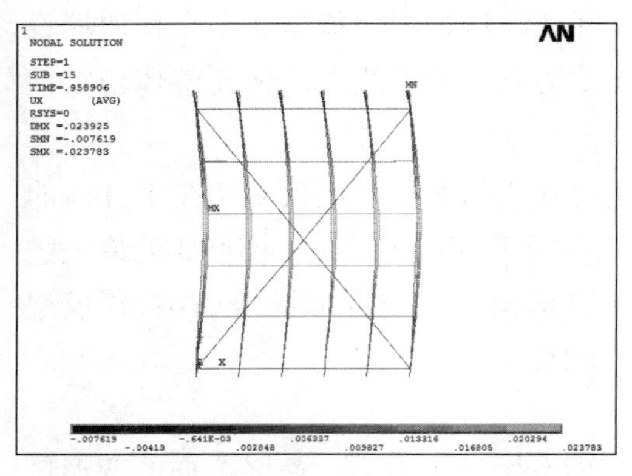

模型 3 在 X 方向的变形云图

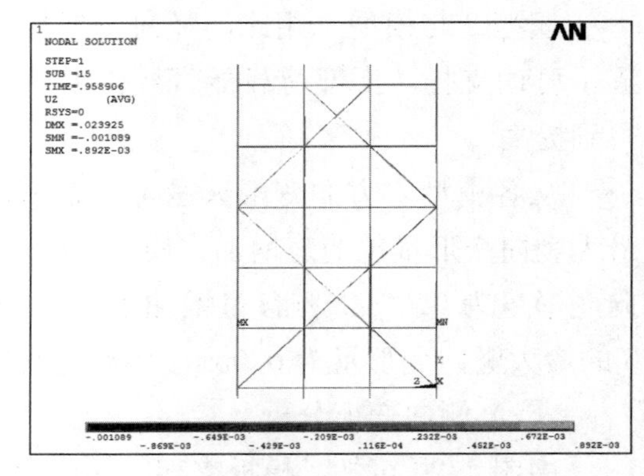

模型 3 在 Z 方向的变形云图

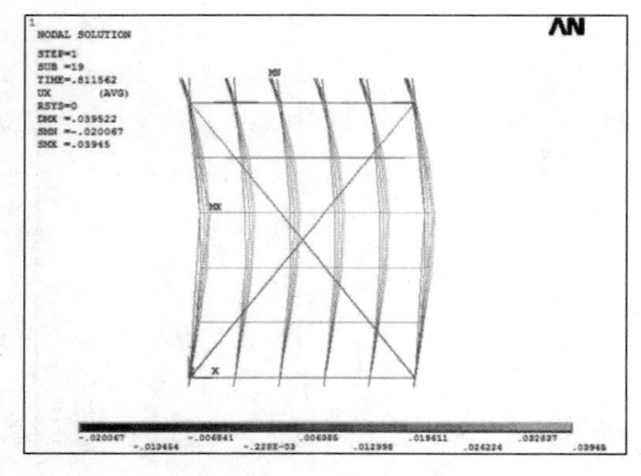

模型 4 在 X 方向的变形云图

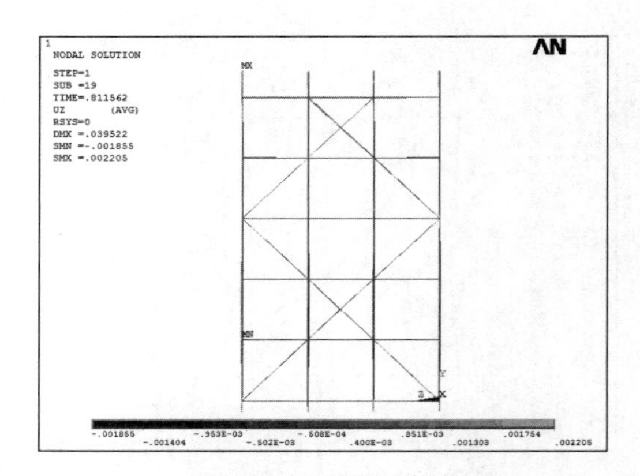

模型 4 在 Z 方向的变形云图

图 4-23　各模型侧向变形云图（续）

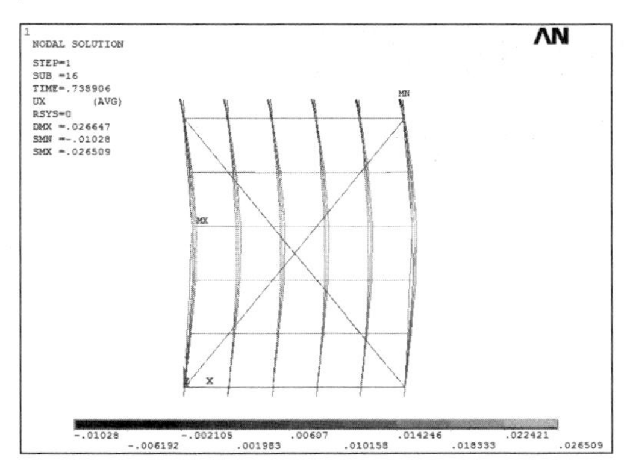

模型 5 在 X 方向的变形云图

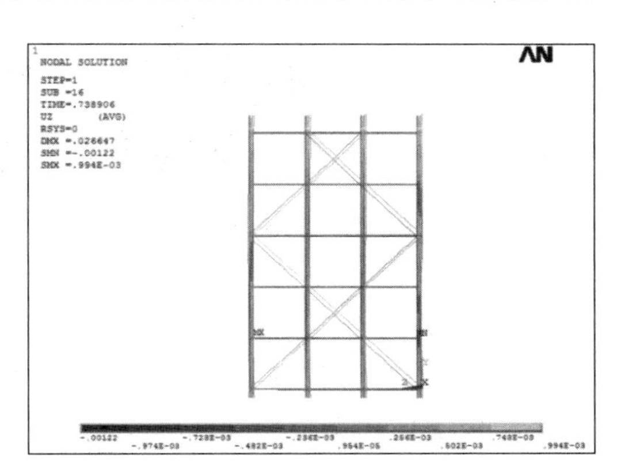

模型 5 在 Z 方向的变形云图

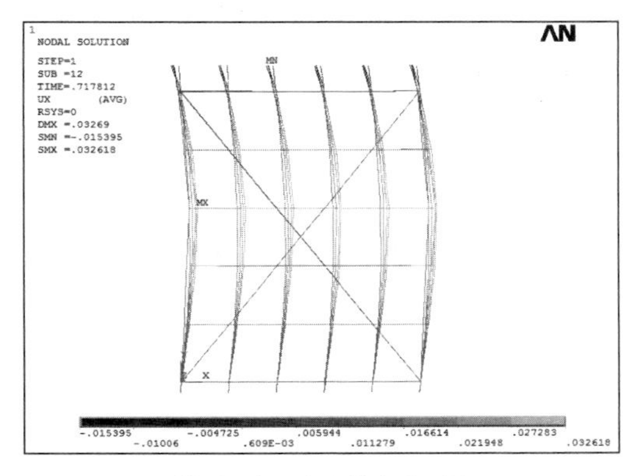

模型 6 在 X 方向的变形云图

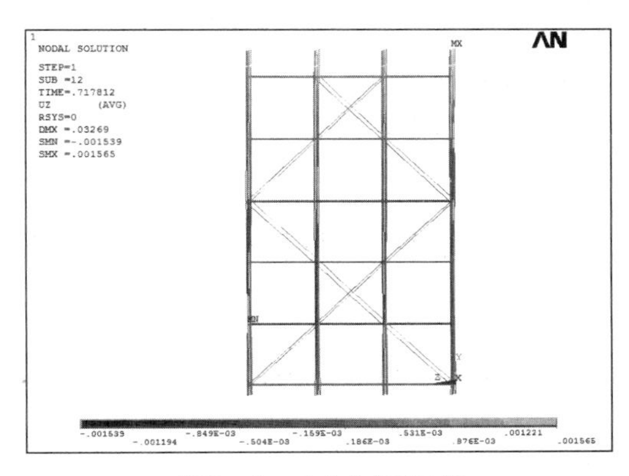

模型 6 在 Z 方向的变形云图

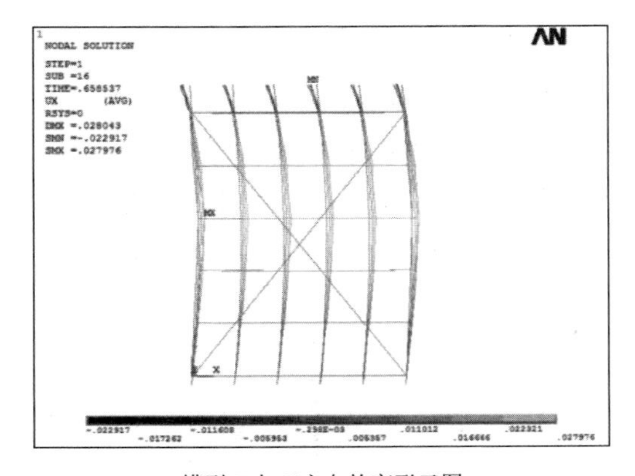

模型 7 在 X 方向的变形云图

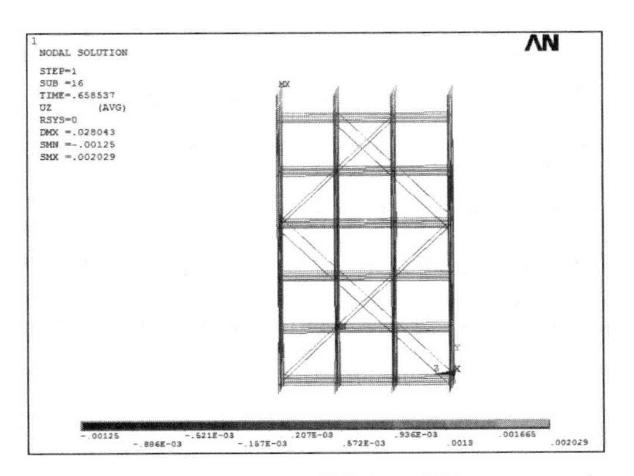

模型 7 在 Z 方向的变形云图

图 4-23　各模型侧向变形云图（续）

从各组模型的 X 方向位移变形云图可以看出，模板支架在 X 方向的变形主要发生在模板支架立杆中间位置和可调支托顶端。模板支架的下部侧移量非常小，几乎为零，立杆的侧移量随着立杆伸出长度和可调支托伸出长度的增加而增大。

第5章　扣件式钢管模板支撑体系稳定性研究

针对现在国内在模板工程施工中普遍采用的扣件式钢管模板支撑体系，进行立杆承载力的研究，掌握扣件式钢管模板支撑体系在施工过程中立杆的受力机理，找出模板支撑体系中的立杆的受力变化规律。

扣件式钢管模板支撑体系是一个空间结构体系。在荷载作用下，各杆件之间并不是独立工作的，而是相互约束，共同支撑整个架体。ANSYS 软件可以通过建立三维的实体模型，模拟分析扣件式钢管模板支撑整体的受力情况，得到架体的极限承载力和稳定性能。

5.1　扣件式钢管模板支撑体系模拟试验分析

5.1.1　真型试验计算模型的建立

1. 模型单元选取

运用 ANSYS 有限元分析软件，选用 Beam4 单元模拟模板支架中的立杆与水平杆，通过 sections 功能输入钢管截面参数。Beam4 是一种可用于承受拉、压、弯、扭的单轴受力单元。这种单元在每个节点上有六个自由度：x、y、z 三个方向的线位移和绕 x、y、z 三个轴的角位移。可用于计算应力硬化及大变形的问题。选用 Link8 单元模拟竖向剪刀撑、水平剪刀撑。“半刚性”连接通过 combin14 单元来模拟，该单元为弹簧阻尼单元，可以应用于一维、二维或三维空间在纵向或扭转的弹性—阻尼效果。模型单元选取，如图 5-1 所示。

2. 几何节点处理

扣件式模板支架的半刚性节点是指纵、横向水平与立杆之间用直角扣件连接的节点。由扣件连接的模板支架节点既不是理想的铰接，也不是完全的刚接，而是一种半刚性连接，其刚性强弱主要取决于扣件连接的螺栓拧紧程度。

采用 ANSYS 软件中的 combin14 弹簧单元来模拟模板支架节点的“半刚性”连接，同时建立“理想刚接”、“理想铰接”情况下的模型，将三种情况下所得结果与真型试验结果相比较，得出模板支架的稳定性规律。

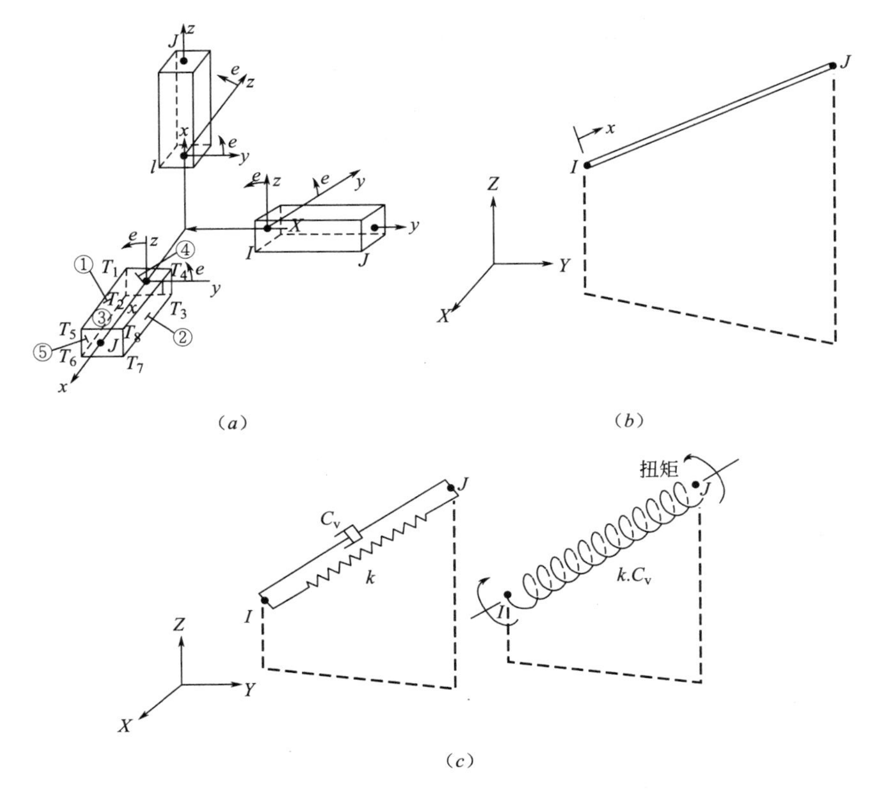

图 5-1　单元选取示意图
(a) Beam4 单元示意图；(b) Link8 单元示意图；(c) Combin14 单元示意图

3. 计算模型的建立

运用 ANSYS 有限元分析软件对五组真型试验进行模拟研究，钢管截面尺寸均为外直径 0.048m、管壁厚度 0.003m，弹性模量 2.06E^{11}、泊松比 0.25，按 2.1 节中各组试验搭设情况建立模型。通过进行特征值屈曲分析得到各组模型的稳定承载力以及屈曲模态并与试验数据加以比较，研究剪刀撑、步距、跨度等因素对模板支架整体稳定性的影响。

工况 1：架体为两跨三步架，通过中间立杆设置一道竖向剪刀撑，中间立杆采用对接，纵距为 1200mm，横距为 1200mm，步距为 1800mm，扫地杆距地面为 200mm，立杆顶端伸出 400mm。对中间立杆进行单杆加载。计算模型如图 5-2 所示。

工况 2：架体为两跨三步架，通过中间立杆设置两道竖向剪刀撑，中间立杆采用整根杆件，纵距为 1200mm，横距为 1200mm，步距为 1800mm，扫地杆距地面为 200mm，立杆顶端伸出 400mm。对中间立杆进行单杆加载。计算模型如图 5-3 所示。

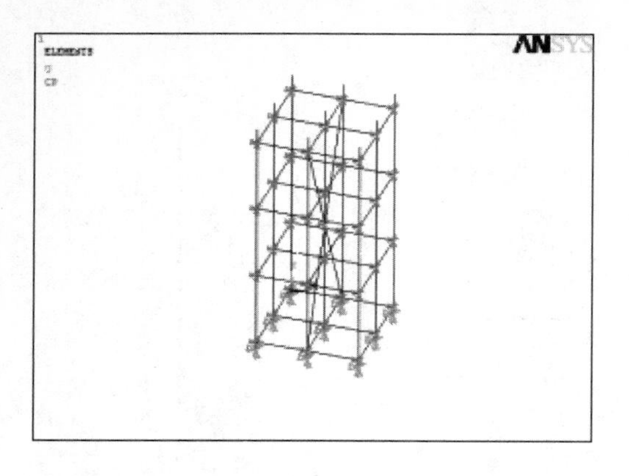

图 5-2　工况 1 有限元模型

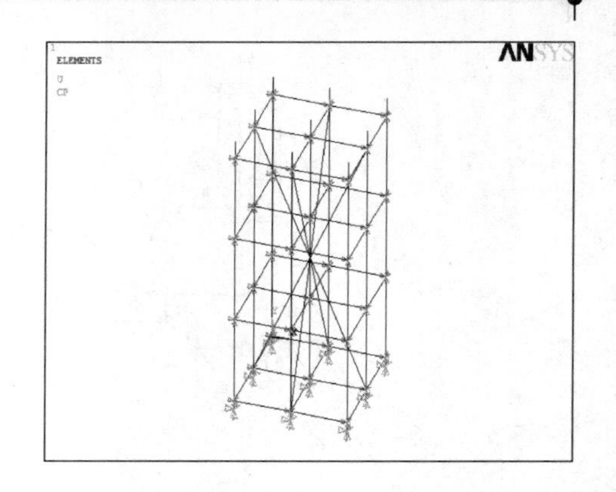

图 5-3　工况 2 有限元模型

工况 3：架体为两跨三步架，通过中间立杆不设置竖向剪刀撑，中间立杆采用整根杆件，纵距为 1200mm，横距为 1200mm，步距为 1800mm，扫地杆距地面为 200mm，立杆顶端伸出 400mm。对中间立杆进行单杆加载。计算模型如图 5-4 所示。

工况 4：架体为两跨六步架，通过中间立杆不设置竖向剪刀撑，中间立杆采用整根杆件，纵距为 1200mm，横距为 1200mm，步距为 900mm，扫地杆距地面为 200mm，立杆顶端伸出 400mm。对中间立杆进行单杆加载。计算模型如图 5-5 所示。

工况 5：架体为两跨三步架，通过中间立杆不设置竖向剪刀撑，中间立杆采用整根杆件，纵距为 900mm，横距为 900mm，步距为 900mm，扫地杆距地面为 200mm，立杆顶端伸出 400mm。对中间立杆进行单杆加载。计算模型如图 5-6 所示。

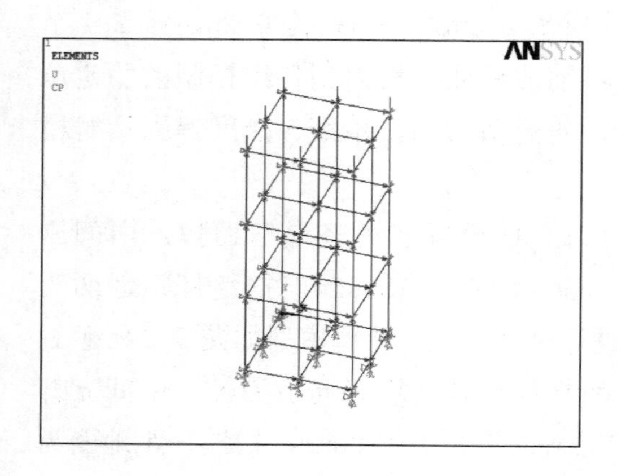

图 5-4　工况 3 有限元模型

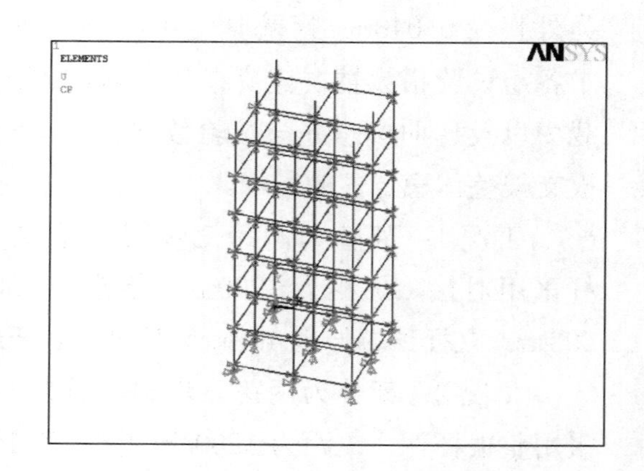

图 5-5　工况 4 有限元模型

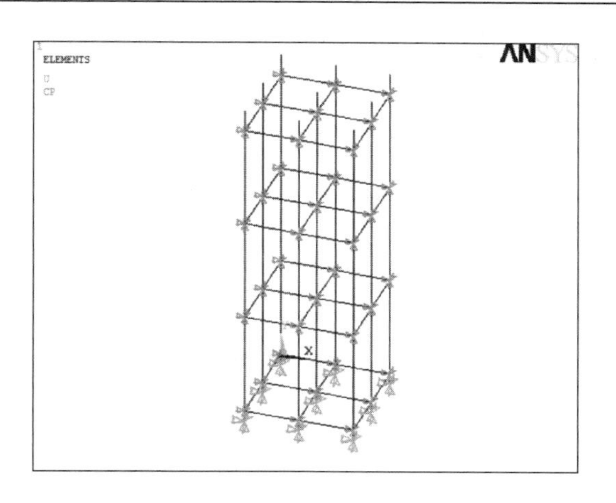

图 5-6　工况 5 有限元模型

5.1.2　模拟结果与试验结果对比分析

1．模板支架薄弱部位对比

测点布置位置如图 5-7 所示。

从图 5-7 与图 5-8 所示的各种搭设情况下的失稳模态以及真型试验结果可以发现，模板支架的变形主要发生在顶端伸出部位以及顶步距。并且与模板支架的搭设方式无关，无论立杆间距如何变化，水平拉杆步距如何变化，是否搭设剪刀撑，试验过程中立杆的薄弱环节均出现在顶步跨中以及顶端伸出部位。同时，架体在失稳时，架体的下部以及中部的侧移都非常小，几乎为零。所以，在实际工程中顶部伸出端不宜过大，并且可以减小顶步距，提高模板支撑体系的稳定性。

2．稳定承载力对比

剪刀撑对架体稳定承载力影响如图 5-9 所示，其中 0 表示没有设剪刀撑，1 表示设一道剪刀撑，2 表示设两道剪刀撑。

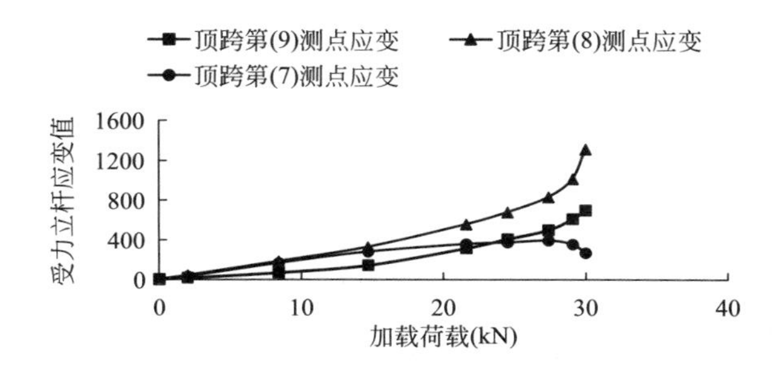

图 5-7　中间立杆荷载 - 变形曲线

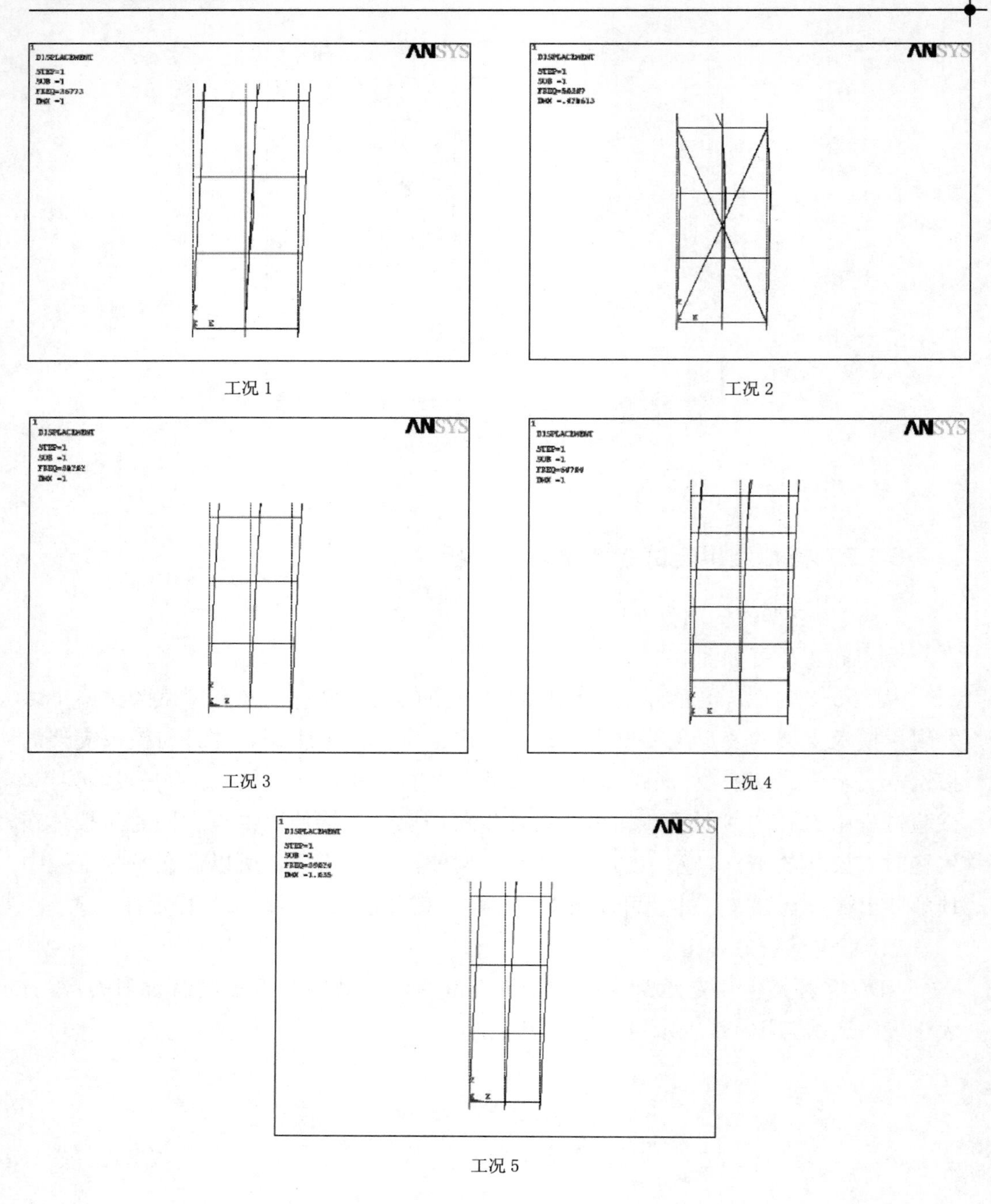

图 5-8　各组工况失稳模态

从图 5-9 可以看出，模拟结果与真型试验结果规律相似。真型试验中，搭设两道竖向剪刀撑时，模板支架稳定承载力从 39.3kN 增长到 53.69kN。而有限元模拟分析中，当布置两道竖向剪刀撑时，模板支架稳定承载力从 44.51kN 增加到

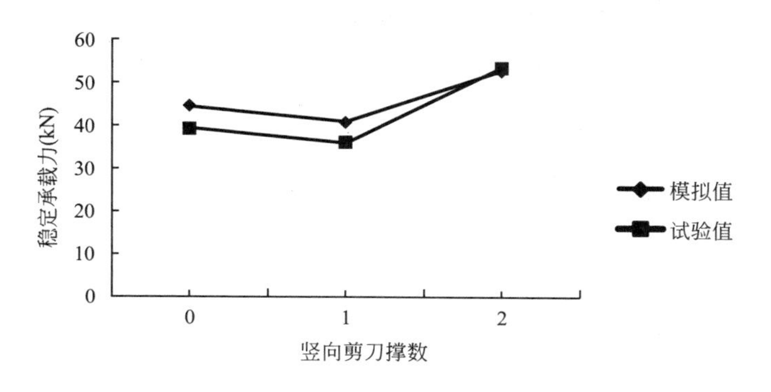

图 5-9　剪刀撑参数分析结果

52.95kN，提高了 18.96%。但布置一道剪刀撑时，无论是真型试验还是模拟分析，架体的稳定承载力并没有提升，而且比未布置剪刀撑时承载力还低，经过分析这可能是由于在工况 1 中，中间立杆并非整根杆件，而是采用扣件对接搭设，所以后面将采用 ANSYS 有限元软件对中间立杆是否采用扣件对接以及对接节点位置对模板支架整体稳定性影响进行分析。

通过对比试验三与试验四的真型试验结果与模拟分析结果，当步距由 1.8m 减小到 0.9m 时，真型试验中，模板支架的稳定承载力从 39.3kN 增长为 55.3kN。有限元模拟中，模板支架整体稳定承载力从 44.51kN 增长到 73.25kN，提高近 65%。两者所得结论相符，都证明了通过减小步距可以显著提高模板支架的稳定承载力。

当跨度由 1.2m 减小到 0.9m 时，真型试验中，模板支架整体稳定承载力从 39.3kN 变为 29kN。而有限元模拟分析中，模板支架整体稳定承载力从 44.51kN 增长到 45.62kN，提高了 2.5%。由于真型试验中的不确定因素比较多，对架体承载力影响较大，导致结果不够精确。从有限元模拟结果可以看出减小模板支架的立杆间距可以提高架体的稳定性，但不显著。说明模板支架跨度对架体稳定承载力影响不大。

有限元分析结果与试验结果基本吻合，验证有限元模型正确性。

5.2　杆件对接对架体稳定性影响

由于工况 1 中间立杆采用对接，有可能影响模板支架整体稳定性。对此在工况 1 的模型基础上分别建立中间立杆非对接、距离第二步上节点 1/3 步距处对接，距离第二步下节点 1/3 步距处对接，第二步中间处对接几种情况下的模型，《建筑施工模板安全技术规范》（JGJ　162-2008）规定螺栓拧紧力矩不小于 40N·m，且不大于 65N·m，所以以下选取模板支架初始刚度 K=50000 N·m/rad 为基准进行研究。

杆件各对接情况下稳定承载力 表 5-1

类型	对接形式	稳定承载力（kN）
情况一	整杆非对接	85.601
情况二	第二步中间处对接	81.908
情况三	距离第二步上节点 1/3 步距处对接	82.103
情况四	距离第二步下节点 1/3 步距处对接	84.355

从表 5-1 可以看出，中间立杆采用对接时会降低模板支架的稳定承载力，但影响不是很大。当对接位置选择步距中间时，模板支架的稳定承载力最小，所以对接扣件位置距主节点的距离不应大于步距的 1/3，这与规范要求一致。同时可以看到，当扣件在远离受力端的 1/3 处时，架体的稳定承载力与整杆非对接时最为接近，这说明在此处扣件对接对架体的稳定性影响最小。

5.3 整体加载情况下架体整体稳定性研究

在试验的基础上采用 ANSYS 有限元软件作模拟拓展研究，对架体整体加载，分析扣件式钢管模板支撑整体稳定性，得出模板支撑体系受力变化规律及杆件变形规律。

根据试验与模拟分析所得出的结果，确定各个参数来建立有限元模型，研究模板支架在整体加载情况下各种搭设类型的整体稳定性，与单根杆件加载情况加以比较，找出其中的差异与共同点，并加以分析。整体加载下有限元模型如图 5-10 所示。

从表 5-2 可以看出，与单杆加载情况相比，整体加载时模板支撑体系的整体稳定承载力都有相对地提高。并且，在整体加载情况下，各种搭设情况对极限承载力的影响与单杆加载时相类似。

（1）对比 1、2、3 号模型，整体加载情况下，当只加一道剪刀撑时，支撑体系的稳定承载力并没有提高，这与单杆加载情况下所得的结论是一样的。当加两道竖向剪刀撑时，架体稳定承载力比不设置剪刀撑时提高了 75%，比单杆加载情况下提高很多。这说明，在整体加载情况下，架设两道剪刀撑更能发挥其作用，可

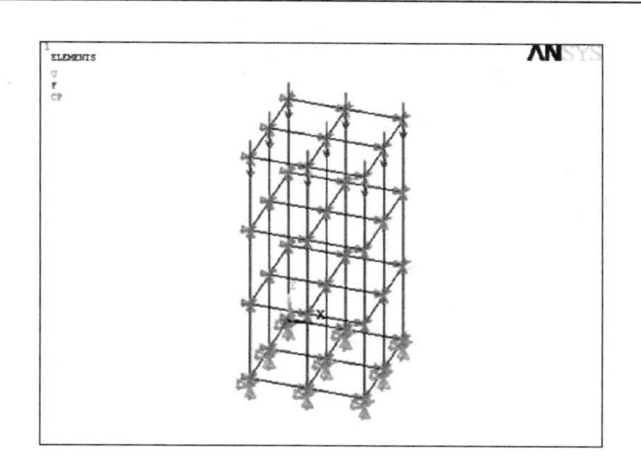

图 5-10　整体加载下有限元模型

有限元模型特征值屈曲分析极限承载力　　表 5-2

模型编号	步距（m）	立杆间距（mm）	架高（m）	剪刀撑数	扫地杆高度（m）	整体加载下稳定承载力（kN）	单杆加载下稳定承载力（kN）
1	1.8	1.2×1.2	6	0	0.2	149.67	85.595
2	1.8	1.2×1.2	6	1	0.2	150.03	85.601
3	1.8	1.2×1.2	6	2	0.2	262.04	86.390
4	0.9	1.2×1.2	6	0	0.2	308.25	120.67
5	1.8	0.9×0.9	6	0	0.2	158.04	89.449

以大幅提高模板支撑体系的稳定承载力。

（2）对比 1、4 号模型，与单杆加载时类似，当采用整体加载时减小步距可以大幅提高模板支撑体系的稳定承载力，并且整体加载下稳定承载力提高了 105.90%。

（3）对比 1、5 号模型，整体加载时，改变模板支架的跨度对架体的整体稳定承载力的影响不大，这与单杆加载时所得的结论一致。

（4）由以上结果可以看出，通过搭设双向剪刀撑或减小步距可以有效地提高架体的稳定承载力。并且在整体加载情况下比单杆加载情况下效果更加显著。

各模型失稳模态图如图 5-11 所示。

从图 5-11 的失稳模态可以看出，各种搭设情况下，模板支架在达到临界承载力发生失稳破坏时，都是在顶步距以及伸出端产生较大的侧移，导致结构无法再承载荷载。架体底部的变形是非常小的。该结论与单根加载试验一致。顶步距与顶部立杆伸出端在施工中应予以构造加强。

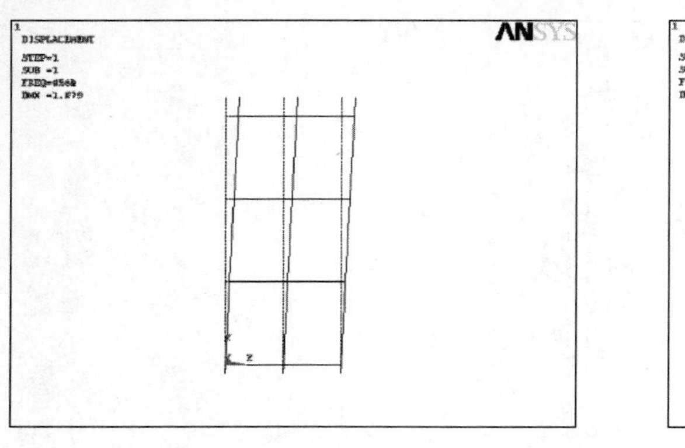

工况 1

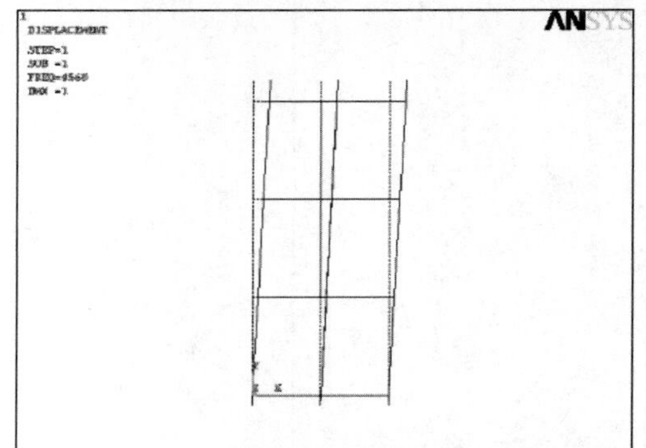

工况 2

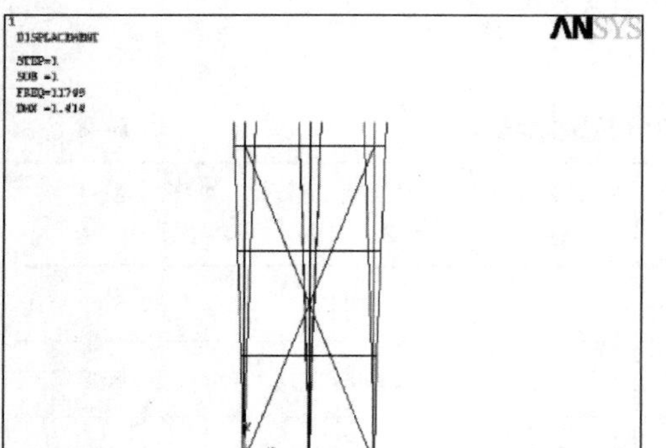

工况 3

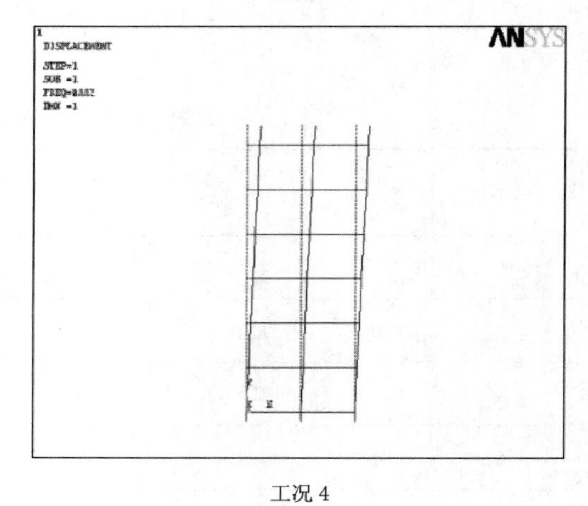

工况 4

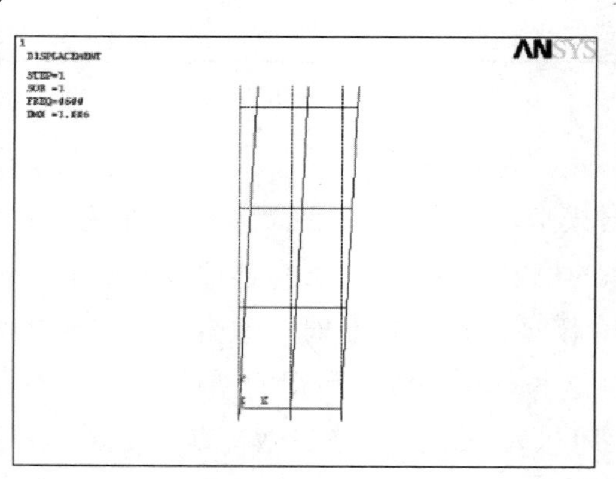

工况 5

图 5-11　失稳模态

第6章　高支模体系有限元模型建立

高支模体系发生安全事故原因大部分是由于局部失稳、承载力不足引起的，因此，体系的整体稳定性至关重要。高支模体系属于临时结构，在使用中容易出现整体或者局部失稳，严重时可能会造成整个模板体系的坍塌，造成严重的恶性事故，高支模体系的整体稳定性成为关系到施工安全的重要因素。本章以高支模体系试验为模型，建立有限元模型，将有限元分析结果与试验结果相对比，验证该有限元模型的可靠性。

6.1　高支模体系试验概况

高支模试验选用的钢管型号为Q235，其规格为$\phi48\times3.5$，立杆钢管的壁厚大于3.2mm，试验过程中所有的直角扣件的拧紧力矩的范围要严格控制在40～65N·m之间。试验的测试对象主要有高支模体系在施工荷载作用下的整体侧移、梁底和板底的立杆轴力、水平拉杆的内力以及水平剪刀撑的内力。

高支模试验中，板厚120mm，立杆的间距均为1.2m，水平杆之间的步距均为1.8m，模板的搭设高度为16.2m，搭设面积为19.9m×4.4m，搭设高度为16.2m，各个梁的尺寸分别为：1号梁1.0m×1.8m；2号梁0.6m×1.2m；3号梁0.24m×0.72m，扫地杆距离地面的高度为200mm，立杆顶端伸出的高度设置为100mm，高支模体系的平面图如图6-1所示。

试验的加载方法为从中间向两端对称加载，对于板而言，板上的荷载换算成为等量的砂或者砖加载。

6.2　高支模体系有限元模拟

ABAQUS是有限元分析软件，且其是一种综合性的软件，它既能解决简单线性力学分析问题，又能进行非线性分析，它不但可以进行单一零件的力学分析，还可以进行较系统全面的分析研究，而大量的复杂问题可以通过选择不同的模块进行组合来模拟。它能将结构、传热学、流体学、声学、电学以及热固耦合学、流固耦合学、热电耦合等领域融于一体，包含单元库丰富，可以模拟多种形状、多种材料的模型。

ABAQUS含有两个主求解器模块ABAQUS/Standard和ABAQUS/Explicit，还有

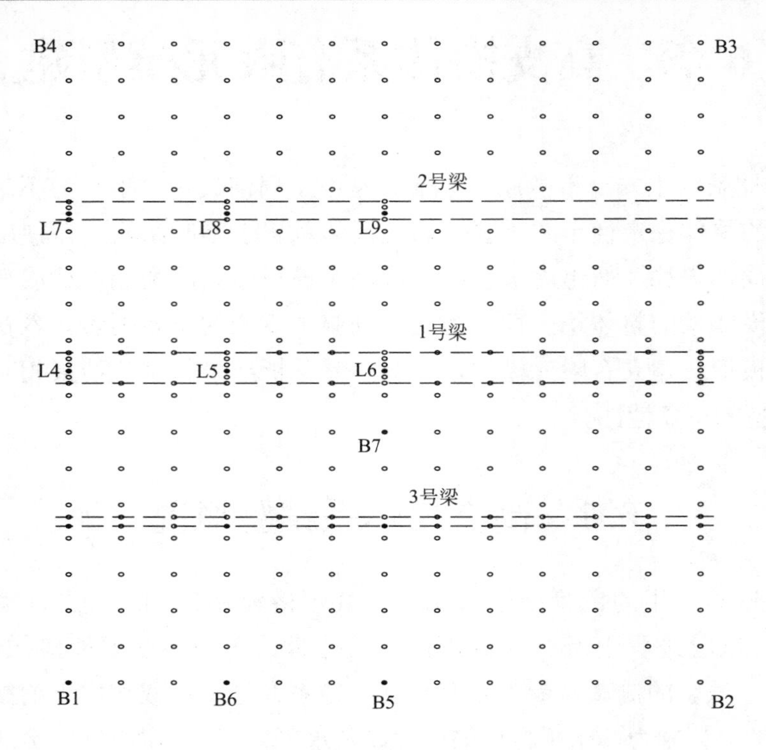

图 6-1　高支模体系平面图

一个人机交互的前后处理模块，它对 ABAQUS 求解器提供全面的支持。在几何建模过程中，ABAQUS 有以下几个模块：部件模块 part、特性模块 property、装配模块 assembly、分析步模块 step、接触模块 interaction（相对于非线性分析而言）、定义荷载与边界条件模块 load、网格分析模块、分析和后处理模块 job。

ABAQUS 软件有强大的有限元分析功能和 CAE 功能，它被广泛应用于土木工程、机械制造以及水利水电工程等领域。本章应用 ABAQUS 软件来对高支模体系进行分析。

6.2.1　高支模试验模型计算单元的选取

用于模拟高支模体系计算模型的计算单元选用线性梁单元，梁单元是针对某一方向的尺度明显大于其他方向的尺度，并且以承受纵向为主的结构进行模拟，选用梁单元基于以下假设：结构的变形可以全部沿梁的长度方向位置函数决定，定义梁单元时实体单元和壳单元不同的是要首先建立梁的横截面尺寸和几何形状，定义梁的截面特性以及材料参数，模型的梁截面形状和尺寸如图 6-2 所示。高支模体系模型如图 6-3 所示。

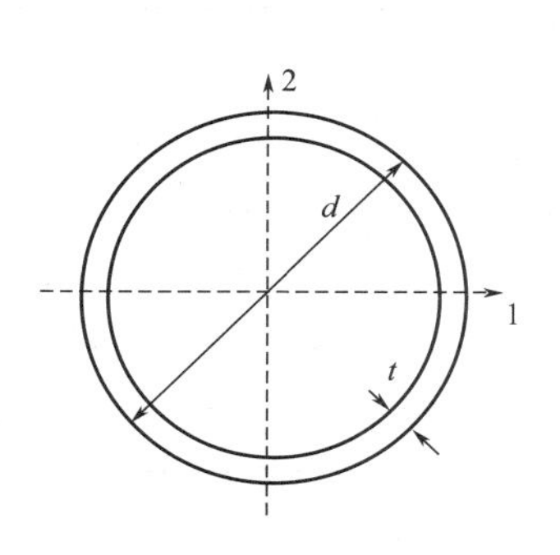

图 6-2　梁的截面尺寸和几何形状图

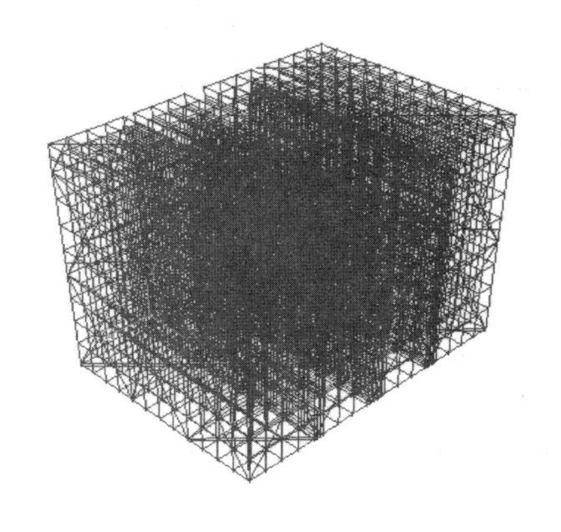

图 6-3　高支模体系模型

6.2.2　计算模型的加载

在对计算模型施加荷载以前，将后处理结果中要输出的要求在分析步中设置，然后对整个架体施加荷载，设置边界条件，ABAQUS 模拟所施加的荷载是参照试验的数据。1 号梁加载值见表 6-1，2 号梁加载值见表 6-2，3 号梁加载值见表 6-3，板梁加载值见表 6-4。

1 号梁加载荷载量（N）　　表 6-1

加载次数	1	2	3	4	5	6	7
梁中	2124	2832	2832	2832	3540	2124	2124
梁短边	796	1062	1062	1062	1328	796	796
梁长边	1062	1416	1416	1416	1770	1062	1062
梁角	398	531	531	531	664	398	398

2 号梁加载荷载量（N）　　表 6-2

加载次数	1	2	3	4	5	6	7
梁中	1466	1952	1952	1952	2466	1466	1466
梁短边	550	732	732	732	914	550	550
梁长边	733	976	976	976	1233	733	733
梁角	275	366	366	366	914	275	275

3 号梁加载荷载量（N）　　表 6-3

加载次数	1	2	3	4	5	6	7
梁中	696	1084	1084	1084	1472	696	696
梁短边	696	1084	1084	1084	1472	696	696
梁长边	348	542	542	542	736	348	348
梁角	348	542	542	542	736	348	348

板加载荷载量（N）　　表 6-4

加载次数	1	2	3
板中	4176	2784	2088
板边	2088	1392	1044
板角	1044	696	522

通过 load 模块中的 creat load 命令在架体的顶端节点施加集中力 concentrated force，同时利用 creat boundary condition 命令在架体的最底端添加边界条件，架体施加荷载后如图 6-4 所示。

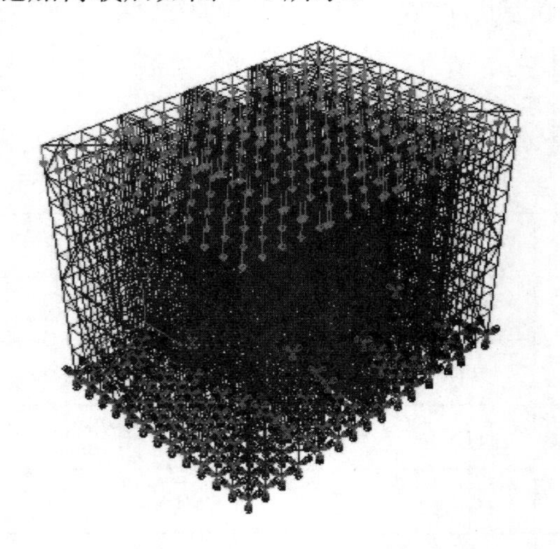

图 6-4　架体施加荷载及约束示意图

6.2.3　高支模体系模拟结果与试验结果对比

1．梁加载时立杆轴力对比

试验中立杆轴力的测试位置分别是 1 号梁梁中立杆底部、板的中部立杆底部和 2 号梁边立杆底部，选取模拟的模型中 1 号梁梁中立杆底部、板的中部立杆底部和 2 号梁边立杆底部的立杆轴力，分析得到立杆轴力随梁加载次数的变化的规律的对比情况如图 6-5 ～图 6-7 所示 。

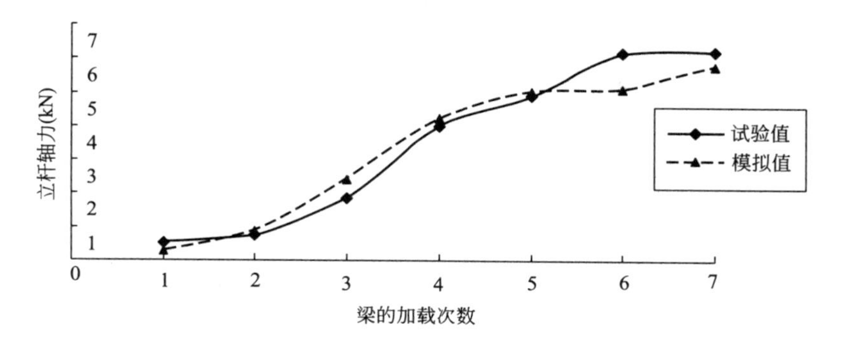

图 6-5　梁加载时 1 号梁中底部立杆轴力变化

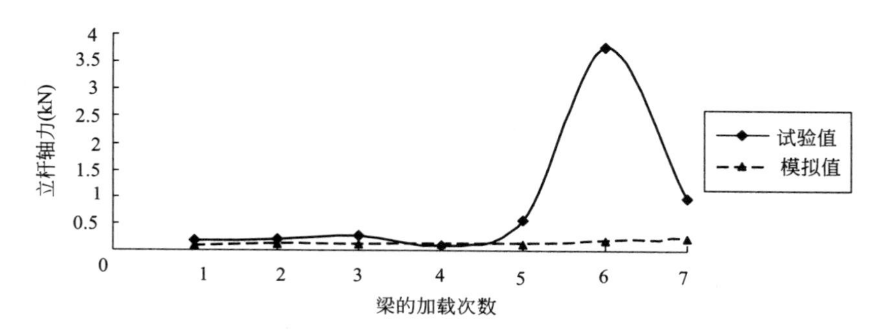

图 6-6　梁加载时板中立杆底部轴力变化

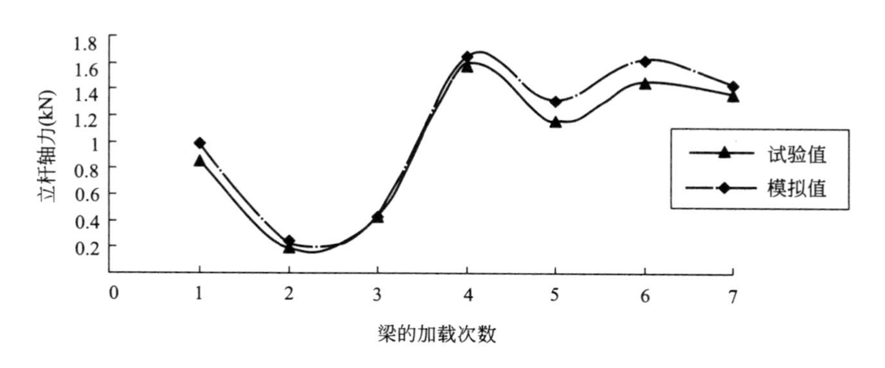

图 6-7　梁加载时 2 号梁立杆底部轴力变化

由图 6-5～图 6-7 可以看出，用 ABAQUS 有限元分析软件模拟的结果与试验的结果吻合良好。从而验证了该有限元模型计算的合理性。在梁的加载过程中，随着荷载的不断增大，梁底立杆的轴力逐渐增大，而板底的立杆与试验数值较梁底立杆的相差较大，如板中底部的立杆轴力在梁的第 7 次加载时的数值比试验值要小 0.772kN，在第 6 次加载时的相差最大，模拟时的立杆轴力为 0.172kN，而试验真值为 3.768kN，这是由于在真型试验的现场，用塔吊将等效于浇筑混凝土的等量的砂和砖运到架体板上临时堆放，而导致了板中底部立杆轴力的突然增大。

2．板加载时立杆轴力的对比

板加载过程中立杆轴力的变化规律的模拟值和试验值，以 1 号梁中底部和板中底部为例，对比情况如图 6-8 和图 6-9 所示。

由此看出，梁加载时立杆轴力是逐步增加的，当板开始加载时，板底立杆轴力增大，但加载完成后，轴力趋于稳定，在板的加载过程中，由于施工荷载趋于稳定，高支模体系的立杆轴力变化均匀。板加载对梁下立杆轴力影响较小。同时图 6-6 也可以说明在梁加荷载时对板底的立杆影响不大，而在施加板的荷载时板底立杆有所增加，但最后趋于稳定。

模拟结果与试验结果值吻合良好。综合以上梁和板加载过程中的模拟值与试验值的对比，验证了 ABAQUS 模拟的可行性和本模型建立的有效性。在加载过程中的高支模体系的轴力值要比《建筑施工模板安全技术规范》（JGJ 162-2008）中规定的要小，规范的理论设计值偏于安全。

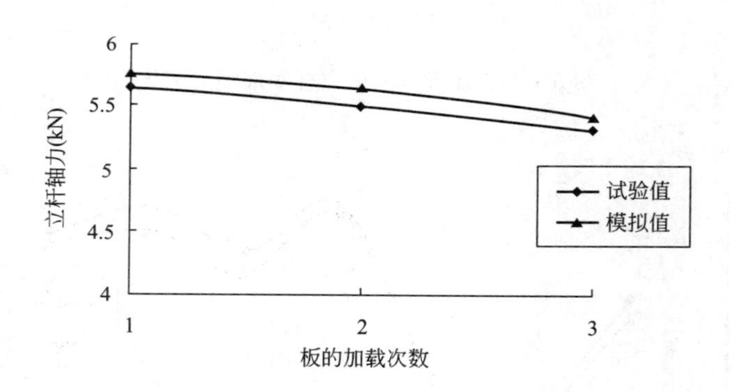

图 6-8　板加载时 1 号梁中底部立杆轴力值

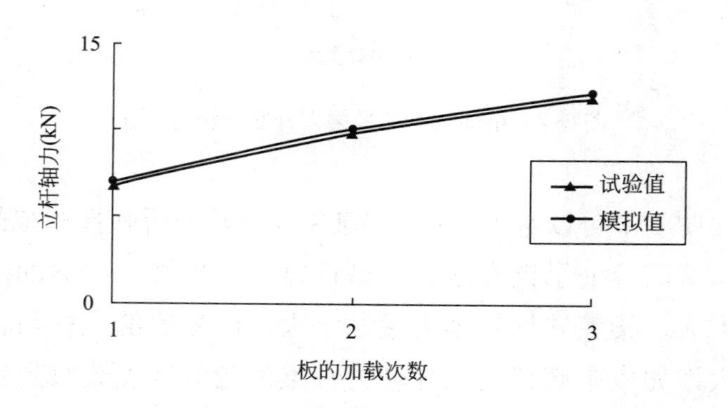

图 6-9　板加载时板中底部立杆轴力值

3．高支模架体的整体变形对比

试验时架体整体侧移测定布置图如图 6-10 所示。测量整体侧移的主要部位有 B1、B2、B5，在 ABAQUS 软件模拟的变形图中选取与试验相对的部位，读取其侧移变形量，以梁加载时各个部位的侧移为例。将试验值与模拟值分析对比，得到图 6-11 ～图 6-19。

根据对比试验值和模拟值的对比分析可以看到，用 ABAQUS 有限元分析软件得到的整体侧移值比试验值略大，但相差幅度比较小，这表明 ABAQUS 模拟的可行性，

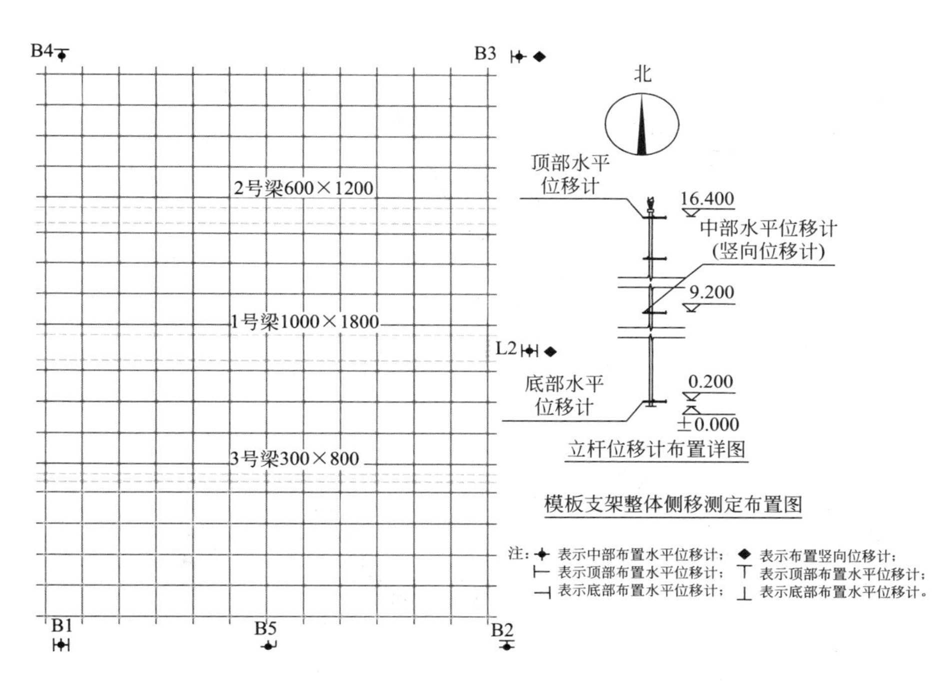

图 6-10　高支模支架整体侧移测定布置图

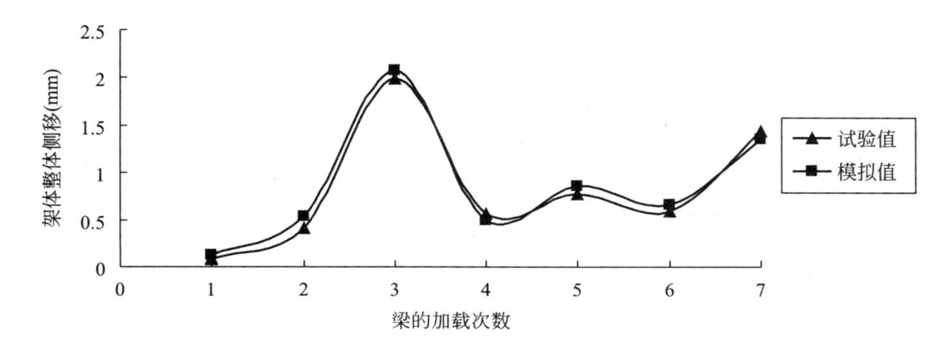

图 6-11　B1 杆底部的侧移

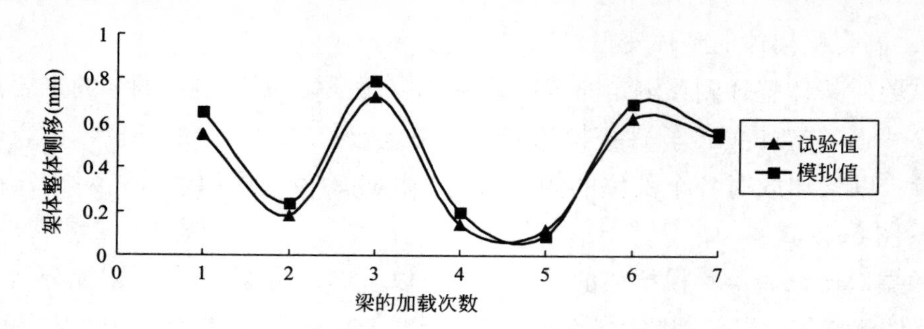

图 6-12　B1 杆中部的侧移

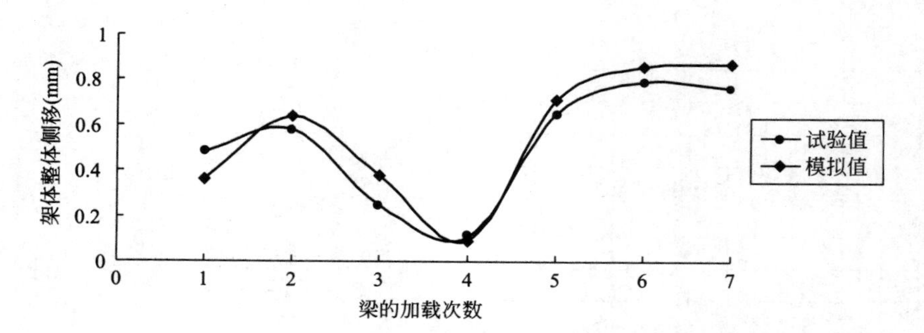

图 6-13　B1 杆顶部的侧移

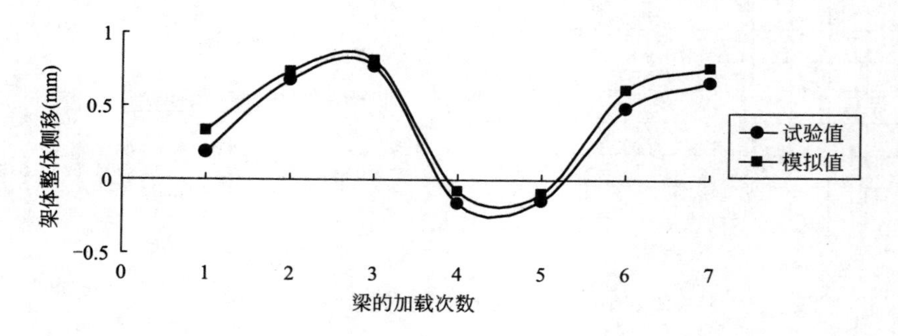

图 6-14　B2 杆底部的侧移

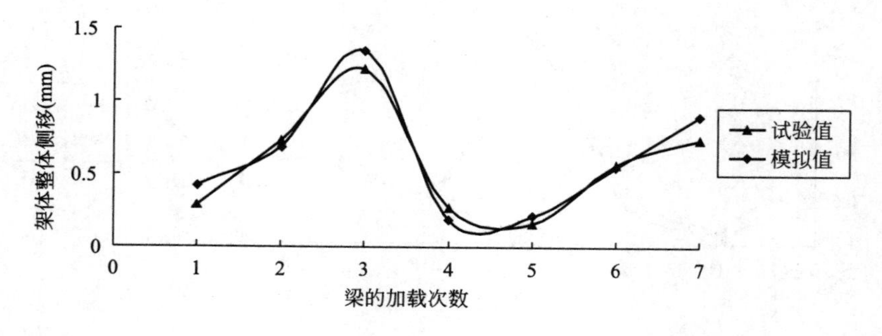

图 6-15　B2 杆中部的侧移

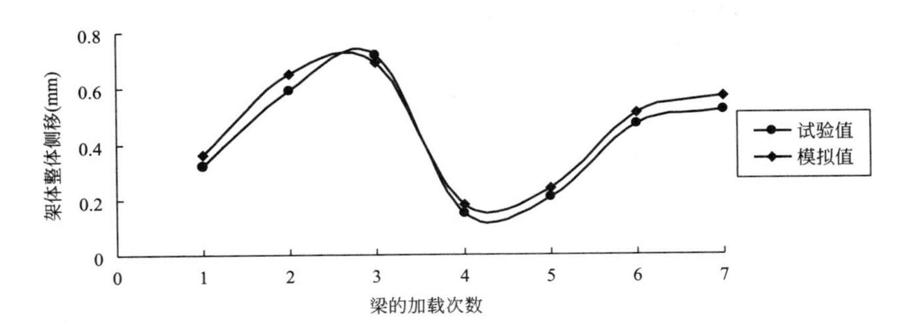

图 6-16　B2 杆顶部的侧移

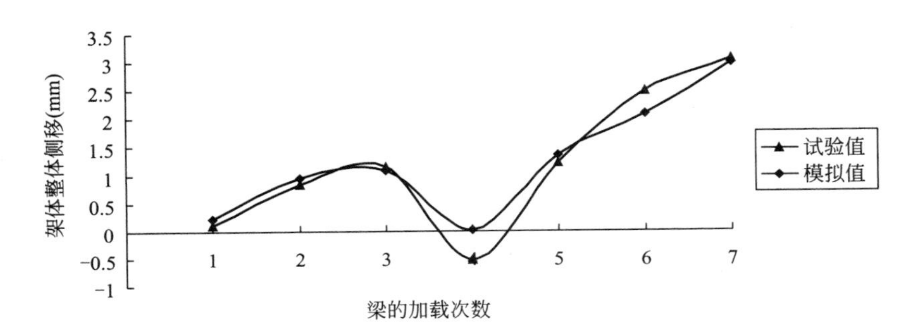

图 6-17　B5 杆底部的侧移

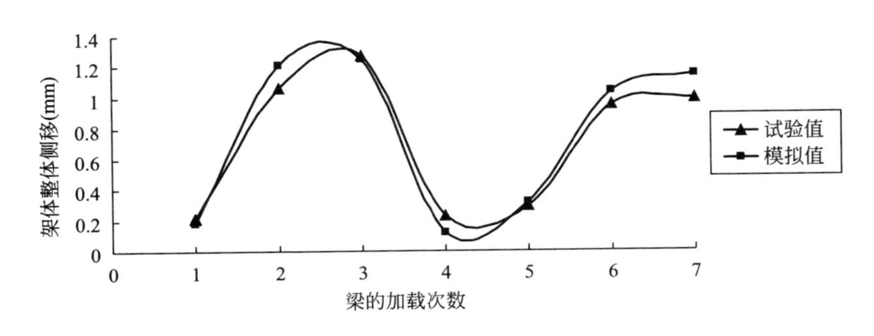

图 6-18　B5 杆中部的侧移

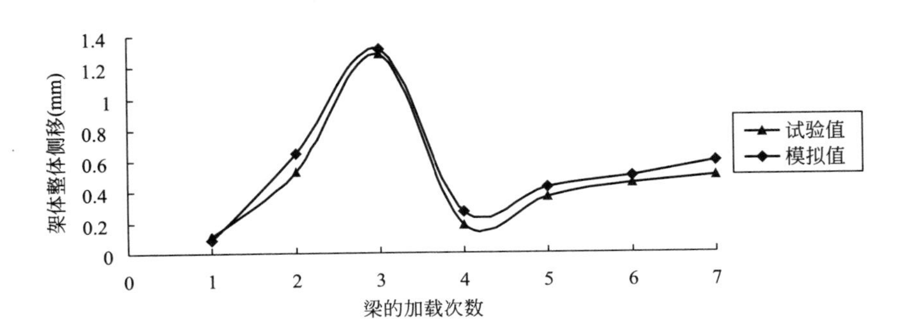

图 6-19　B5 杆顶部的侧移

同时也说明在荷载作用下整个架体的侧移不大，均不超过 5mm。说明按照《建筑施工模板安全技术规范》（JGJ 162-2008）规定设计的高支模架体在荷载作用下，整体稳定性很好。

6.2.4 高支模架体变形分析

在 ABAQUS 后处理 visualization 中得到整个模型的变形云图如图 6-20 所示。

在变形云图左方的变形值中，表示从上到下的变形值越来越小。从图 6-20 可以看出，架体下部靠近固定端的部分基本没有变形，截面尺寸较大的 1 号梁（即中部截面最大的梁）立杆顶部变形最大，变形量为 2.314mm，该梁中部立杆变形较小，变形值为 0.463mm，与其相连的水平杆变形较大，变形值为 1.851mm；2 号梁和 3 号梁下的立杆变形不大，同时水平杆的变形也较小，其中，2 号梁和 3 号梁下上部立杆的变形值为 0.9256mm，水平杆的变形值为 1.388mm；板底部水平杆呈现绿色，

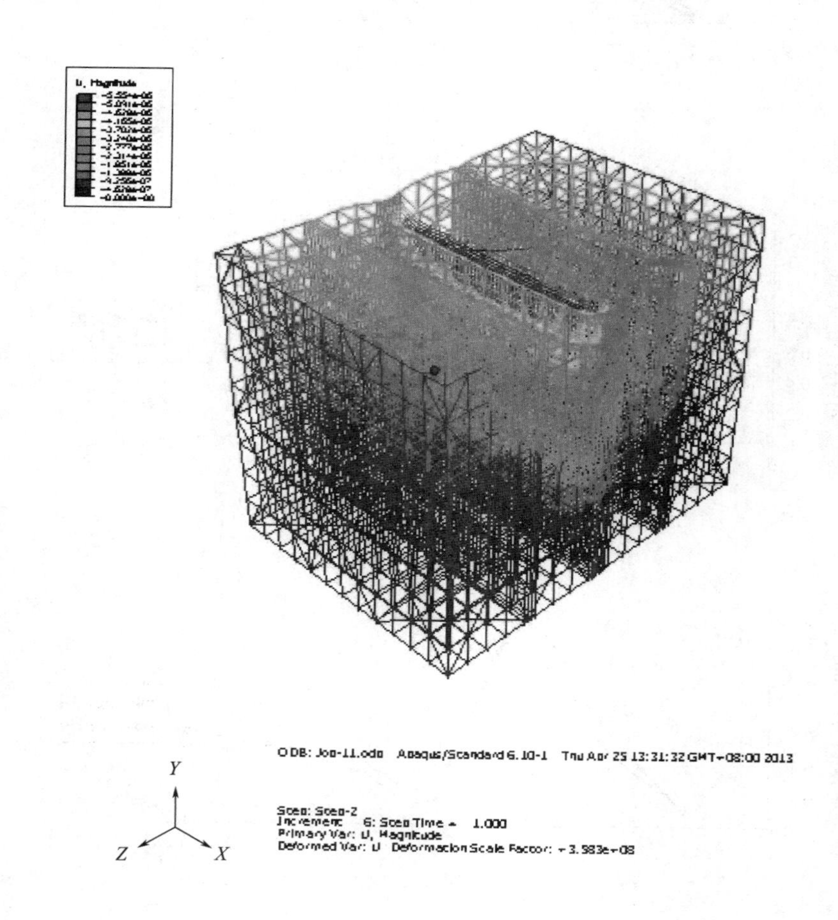

图 6-20 高支模架体变形云图

变形量较大，其变形值为 1.317mm；架体下部靠近固定端的部分，周围竖向剪刀撑和梁底竖向剪刀撑都没有明显的变形，相反，靠近顶端的竖向剪刀撑的变形都比较明显，变形量为 0.5251mm。

在 ABAQUS 后处理 visualization 模块中，得到水平方向（以 *Z* 方向为例）的架体变形图如图 6-21 所示。

由图 6-21 可知，架体在 *Z* 方向的变形主要发生在梁的底部，变形值为 0.2314mm，架体下部基本没有变形。所以，架体在所施加的荷载作用下，主要的变形发生在纵向即沿着垂直于梁的方向，最大的变形量为 2.314mm，而水平方向的变形只有 0.992mm，这说明水平方向的位移并没有影响架体的整体稳定性，并不影响架体的承载力。

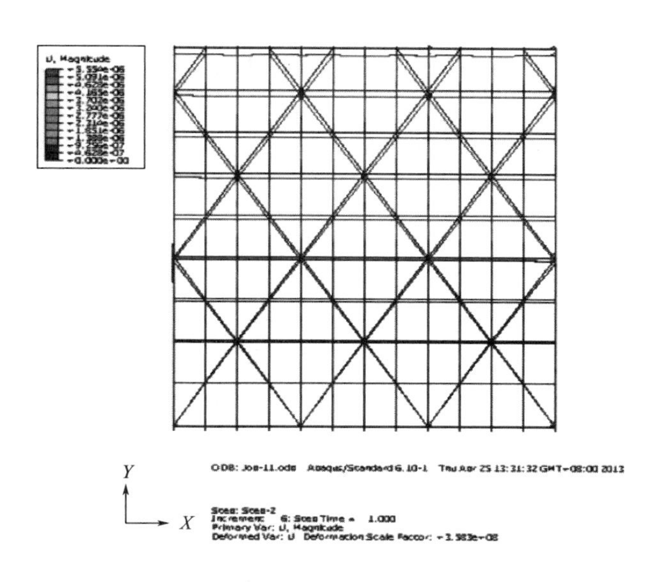

图 6-21　架体 *Z* 方向变形图

第7章　混凝土浇筑顺序对高支模体系影响

在高支模施工过程中，混凝土的浇筑顺序对架体整体稳定性有很大影响。本章通过ABAQUS有限元分析软件对浇筑混凝土情况进行模拟，分析非对称浇筑混凝土过程中立杆受力情况及整体位移情况，并与对称浇筑混凝土下的轴力变化及位移变化情况对比，从而得出非对称浇筑混凝土过程中架体产生的侧移不可忽略。

7.1　加载方法

采用从板一侧逐渐向另一侧加载的方法，也可以称为非对称加载。浇筑模式如图7-1所示。

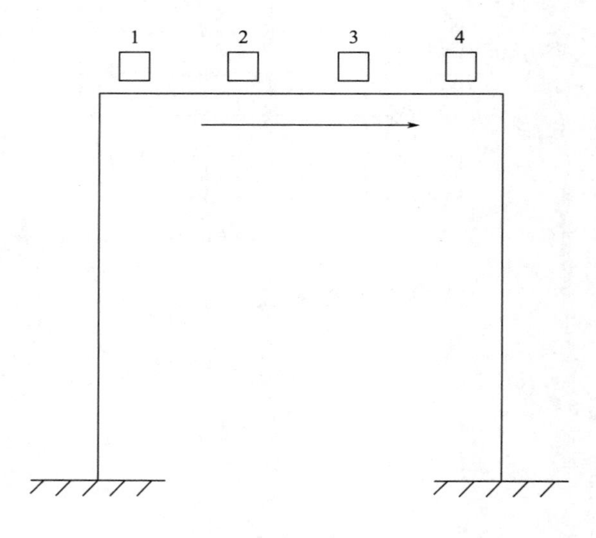

图7-1　混凝土浇筑顺序

7.2　不同混凝土浇筑顺序下架体侧移分析

通过ABAQUS有限元分析软件建立高支模体系模型，模拟混凝土的浇筑次序，其中的第一个模型为按图7-1所示的方式浇筑混凝土，在加载过程中着重分析第一阶段的加载情况，第二个模型为对称浇筑方式进行加载。非对称第一次浇筑混凝土阶段模型变形如图 7-2 所示，对称浇筑混凝土情况下的模型变形如图 7-3 所示。

通过图 7-2 与图 7-3 对比可以看出：

（1）第一个模型图即架体在非对称浇筑混凝土情况下完成第一次浇筑后的变形情况，其侧向变形较大，其变形值为 17.84mm，与未加荷载时的模型相比偏移较大，更容易使高支模体系产生偏移。当完成最后一次加载时，架体的整体侧移最大为 0.992mm，此时荷载已经完全均匀施加在高支模架体上，所以侧移较小，说明这种浇筑方式易在施工过程中产生失稳破坏，造成重大的安全事故。

（2）第二个模型图即浇筑混凝土全部完毕后的变形情况，其变形主要发生在竖向，水平方向的侧移近 1mm，不会使高支模架体产生较大变形，发生整体失稳的可能性不大。

通过图 7-2 和图 7-3 的对比可知，当浇筑过程从一侧开始时，架体产生的位移比进行对称浇筑的侧移大，更容易使架体产生较大的偏移，增大整体失稳的可能性。也就是说，从位移变形方面，非对称混凝土浇筑方式更容易产生较大侧移，增加失稳的可能性，因此，在高支模施工过程中，混凝土的浇筑顺序不容忽视，建议在高大模板体系中采用对称浇筑方式。

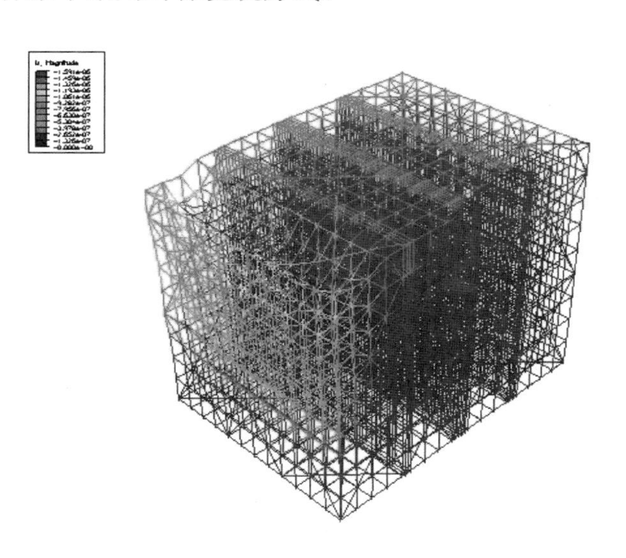

图 7-2　非对称第一次浇筑阶段高支模模型变形云图

7.3　不同混凝土浇筑顺序下立杆轴力分析

将模型按三个梁将板面分为 4 个部分，每部分再均分成 2 部分，即将模型板

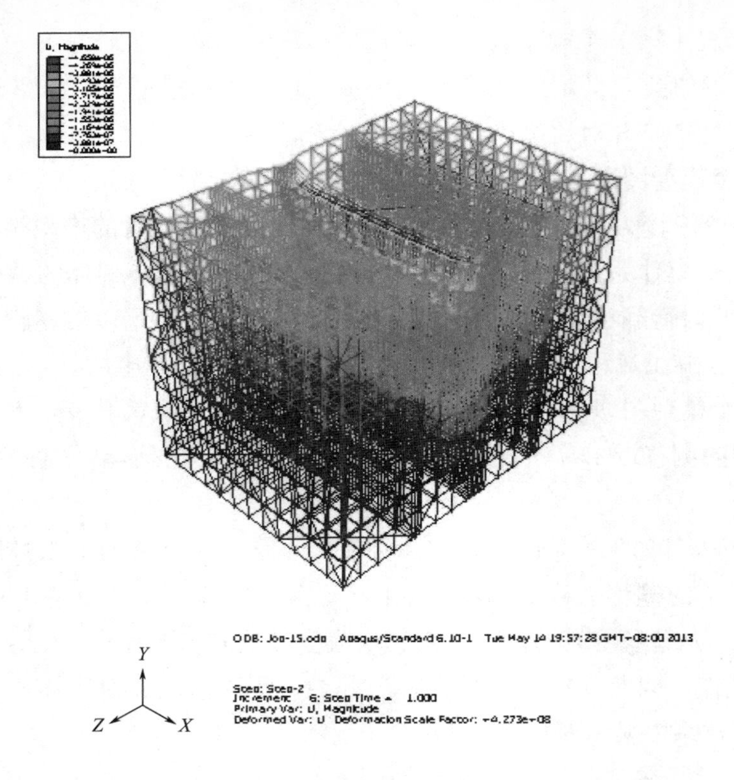

图 7-3 对称加载高支模模型变形云图

面分为 8 部分。用 ABAQUS 软件模拟混凝土浇筑时，加载过程分为 8 部分，从板的一边逐步向另一边加载，1 号、2 号、3 号梁的荷载归于前一部分板中。加载时，测点是梁下的立杆上部和下部。完成第一到第八次加载过程后，读取测点的结果，其中，1 号梁下的立杆轴力值见表 7-1，2 号梁下的立杆轴力值见表 7-2，3 号梁下的立杆轴力值见表 7-3。

不同浇筑顺序下 1 号梁下的立杆轴力值（kN） **表 7-1**

加载顺序	1	2	3	4	5	6	7	8
立杆上部	-1.0	-3.62	-3.12	6.26	7.34	7.36	7.37	7.38
立杆下部	-1.0	-3.62	2.82	5.26	5.33	5.39	5.41	5.42

不同浇筑顺序下 2 号梁下的立杆轴力值（kN） **表 7-2**

加载顺序	1	2	3	4	5	6	7	8
立杆上部	-1.0	-3.62	-3.12	-7.22	-6.13	1.46	1.47	1.48
立杆下部	-1.0	-3.62	-3.12	-7.22	-6.13	0.74	0.93	0.94

不同浇筑顺序下 3 号梁下的立杆轴力值（kN）　　表 7-3

加载顺序	1	2	3	4	5	6	7	8
立杆上部	-1.0	0.94	2.07	2.27	1.68	1.81	1.83	1.84
立杆下部	-1.0	0.42	1.39	1.27	1.32	1.46	1.48	1.49

1 号梁下立杆轴力变化如图 7-4 所示，在混凝土浇筑的第一个阶段，对梁底立杆轴力的影响并不明显，立杆上部与立杆下部的轴力值相同。随着浇筑过程的进行，其轴力值逐渐的增大，且上下部分值开始不一样，底部的轴力值虽也是逐渐增大，但其值小于上部的轴力值。直到浇筑的第四个阶段，以立杆上部为例，1 号梁底立杆轴力的变化明显，在浇筑过程的第五个阶段，立杆上部的轴力值为 7.34kN，而第四个浇筑阶段的轴力为 6.26kN，其增长幅度为 17.25%，当浇筑至第六阶段时，立杆上部轴力为 7.36kN，比第五阶段的轴力值增长较小，幅度仅为 0.27%，第七浇筑阶段的轴力值较第六次的增长幅度为 0.14%，第八浇筑阶段的轴力较第七次的增长幅度同样为 0.14%。

2 号梁下立杆轴力变化如图 7-5 所示，梁下立杆轴力的增长规律与 1 号梁下立杆轴力的增长规律大致相同，在进行了混凝土浇筑的第一阶段后，其轴力值与 1 号梁相同，原因是当进行第一阶段的浇筑时，浇筑面积小，对 2 号梁的影响不大，因 2 号梁距离初始浇筑点较远，在浇筑的前四个阶段，梁下立杆轴力增长幅度不大，直到混凝土浇筑至测点时（即 2 号梁处），立杆轴力有较大的提高，达到 1.48kN，当浇筑超过 2 号梁时，轴力值增长幅度又变小，第七阶段较第六阶段的增长幅度仅为 1.17%，第八阶段较第七阶段的轴力增长幅度更小，仅为 0.2%。

离混凝土浇筑起始端最近的 3 号梁下立杆轴力变化如图 7-6 所示，梁下立杆轴力的最大值出现较早，在第二个浇筑阶段，其值达到 0.94kN，随后，轴力值逐

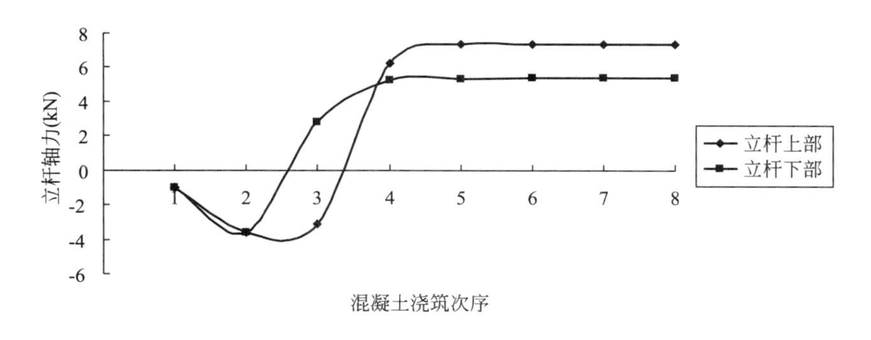

图 7-4　1 号梁下的立杆轴力值随浇筑次序的变化规律

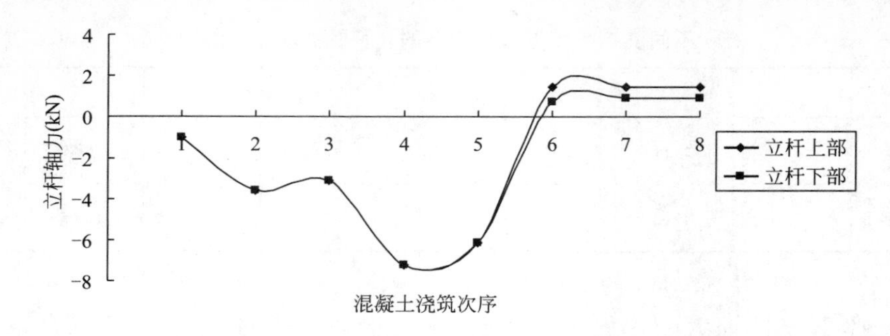

图 7-5　2 号梁下的立杆轴力值随浇筑次序的变化规律

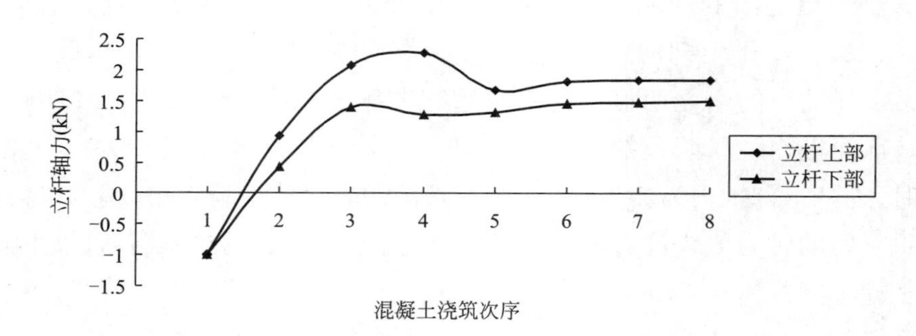

图 7-6　3 号梁下的立杆轴力值随浇筑次序的变化规律

渐增加，直到浇筑到第五阶段，轴力有明显降低，降低幅度高达 41.85%，原因是随着板的浇筑面积的逐渐增大，1 号和 2 号梁下以及其他远离浇筑端的立杆开始发挥作用，3 号梁底立杆所承担到的力有所减小，在随后的三个阶段，较之第五阶段的下降段，轴力值又开始回升，但增长的幅度不大，第七阶段较第六阶段的增长幅度为 1.1%，第八阶段较第七阶段的增长幅度为 0.55%。

通过对混凝土的浇筑顺序进行分析可知：

（1）当混凝土开始浇筑时，轴力急剧上升，混凝土浇筑完毕后，轴力基本上趋于稳定，在不同的浇筑阶段，高支模立杆轴力的增长幅度是不一样的，浇筑前段的增长幅度明显大于后半段的增长幅度，这与混凝土的浇筑量、浇筑位置以及浇筑面积有密切关系。

（2）在浇筑混凝土初始阶段，其中一部分靠近浇筑部分的立杆轴力迅速的增加，而远离浇筑点的部分立杆轴力变化不明显，混凝土浇筑到一定的阶段，这一部分立杆才开始发挥作用，也就是说在初始阶段某些杆件受力较大而另外一部分杆件未发生作用，这会使得高支模体系受力不均匀，对整体受力较为不利。

当进行对称浇筑混凝土时，立杆的轴力增长均匀，不会出现大幅度的增大或减小，整体稳定性更好。所以，在高支模体系中，无论从位移方面还是受力性能方面，非对称浇筑混凝土的方式将会产生极大的施工安全隐患。

7.4　分析不同的混凝土浇筑顺序对水平拉杆内力的影响

根据试验，板底水平杆的观测点如图 7-7 所示，梁底水平杆的观测点如图 7-8 所示，分析混凝土浇筑顺序与高支模体系的水平杆的内力变化规律如图 7-9 所示。

由图 7-9 可知：

（1）在高支模混凝土的浇筑过程中，在进行第一次浇筑时，板底水平杆的内力分布不均匀，未浇筑到的部分表现为拉力，随着混凝土浇筑面积的逐渐增大，水平杆的内力逐渐增大，并且逐渐表现为压力。

（2）梁下的下部水平杆在浇筑混凝土初期的内力较小，在进行第四次的时候达到最大值，随后内力的变化均匀，后期的增减幅度几乎为零。这是因为随着混凝土浇筑面积的不断增大，使得高支模整体稳定性较好，各杆受力逐渐均匀。

（3）越靠近顶部的水平杆的内力越大，说明靠近顶部的水平杆对立杆内力的

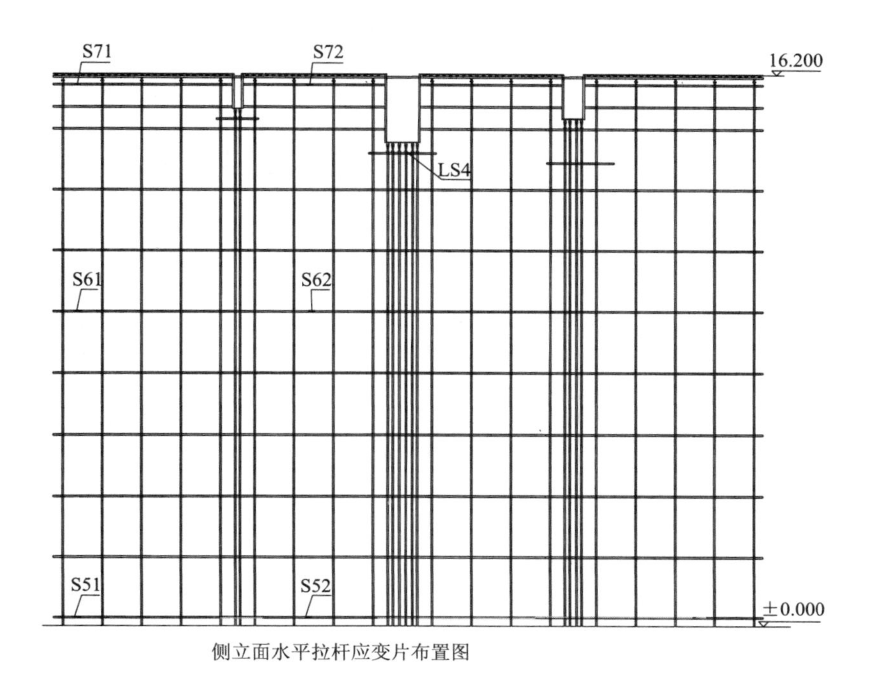

图 7-7　板底水平杆的观测位置

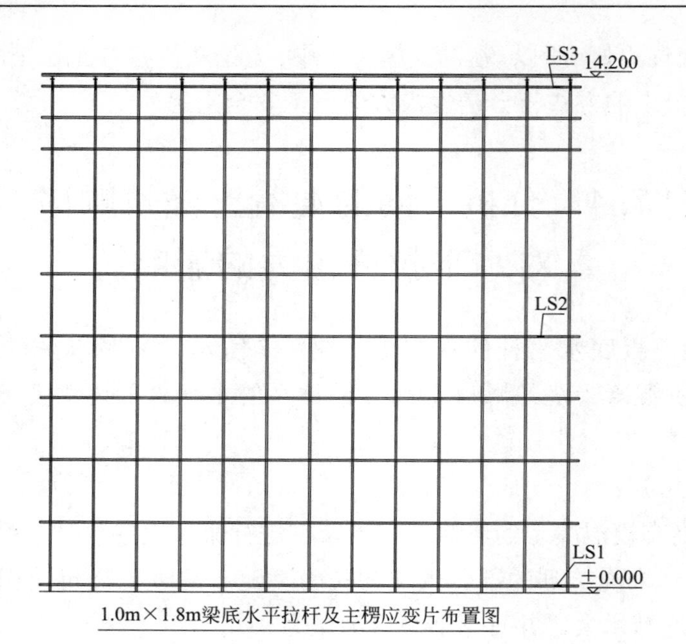

图 7-8　梁底水平杆的观测位置

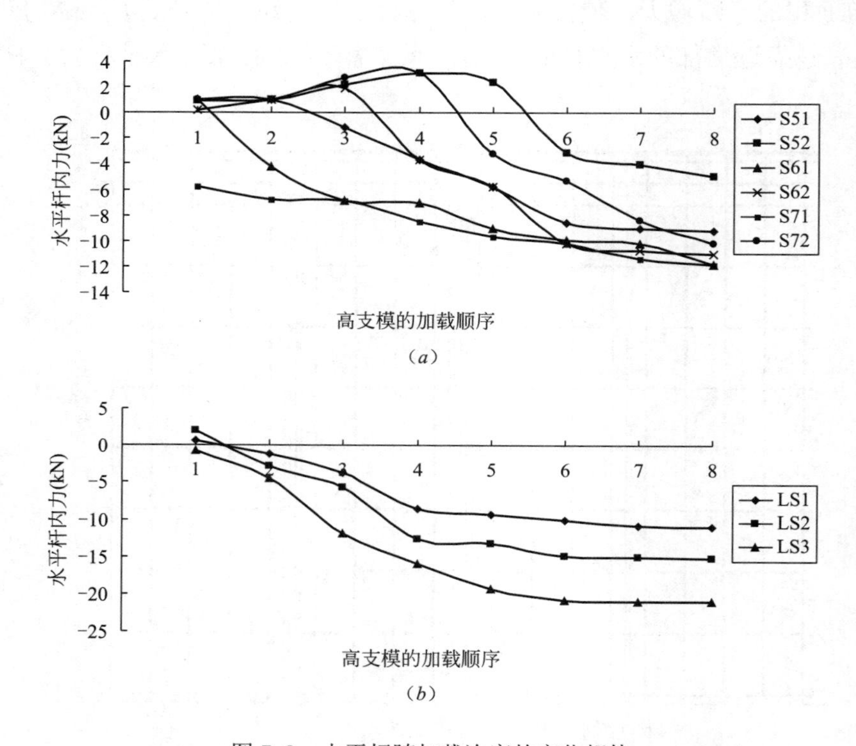

图 7-9　水平杆随加载次序的变化规律

(*a*) 板底水平杆随加载次序的变化规律；(*b*) 梁底水平杆随加载次序的变化规律

约束力越大，因此，梁底和板底的截面为危险截面，在设计时应将这类截面采取构造措施进行加强。

（4）随混凝土浇筑面积的增大，板下水平杆内力增加幅度也越来越小，也就是说，水平杆的受力趋于稳定，对于立杆的约束越来越均匀，这种约束作用与混凝土加载次序下的立杆轴力的变化相适应。

所以，经过分析，在非对称荷载的作用下，水平杆的内力分布不均，对立杆的约束作用有的部位较大，有的较小，甚至接近为零，导致整体稳定性不好，相对于非对称受力方式，在实际的设计和施工过程中，对称的受力方式更为优越。

7.5　高支模不同搭设高度下的受力性能

7.5.1　模型的建立

模板支架的立杆间距为 1.2m，步距为 1.8m。架体设置一根梁，梁的设计截面尺寸为 0.24m×0.72m。地面到第一根横杆距离为 0.2m，立杆伸出顶端 100mm，分别研究高支模模板支架的高度为 9m、10.8m、12.6m、14.4m 的情况下高支模体系的稳定性。钢管型号为 Q235，其规格为 $\phi48\times3.5$。其截面特性见表 7-4，钢管材料参数见表 7-5。

钢管截面特性　　**表 7-4**

外径 d（mm）	壁厚 t（mm）	截面积 A（cm^2）	惯性矩 I（cm^4）	截面模量 W（cm^3）	回转半径 i（cm）
48	3.5	4.89	12.19	5.08	1.58

钢管材料参数　　**表 7-5**

弹性模量 E_x（Pa）	泊松比 μ	屈服强度 f（Pa）
2.06×10^{11}	0.3	2.05×10^{8}

本计算模型较大，在建立基本部件后，经过 Assembly 模块中的阵列移动、旋转操作后，形成最终模型，当搭设高度为 9m 时模板支架的最终模型图如图 7-10 所示。

在对计算模型施加荷载以前，将后处理结果中要输出的要求在分析步中设置，然后对整个架体施加荷载，设置边界条件，架体底端固定，边界条件设置为 U1=U2=U3=UR1=UR2=UR3=0。将混凝土分三次浇筑，从一侧向另一侧依次浇筑。

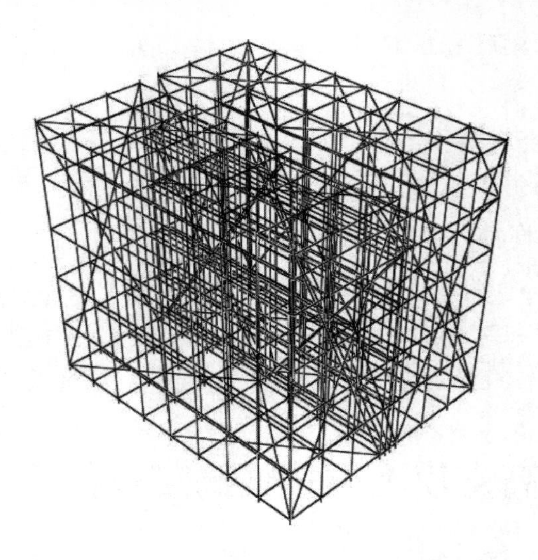

图 7-10　高支模架体有限元模型

7.5.2　搭设高度模型计算结果分析

利用 ABAQUS 有限元分析软件对高支模不同搭设高度下的整体侧移进行模拟，得到各个搭设高度的整体变形图形，例如当搭设高度为 9m 时，高支模架体第一次加载后的变形云图如图 7-11 所示，全部加载后的变形云图如图 7-12 所示。

各浇筑过程中的整体侧移值见表 7-6。

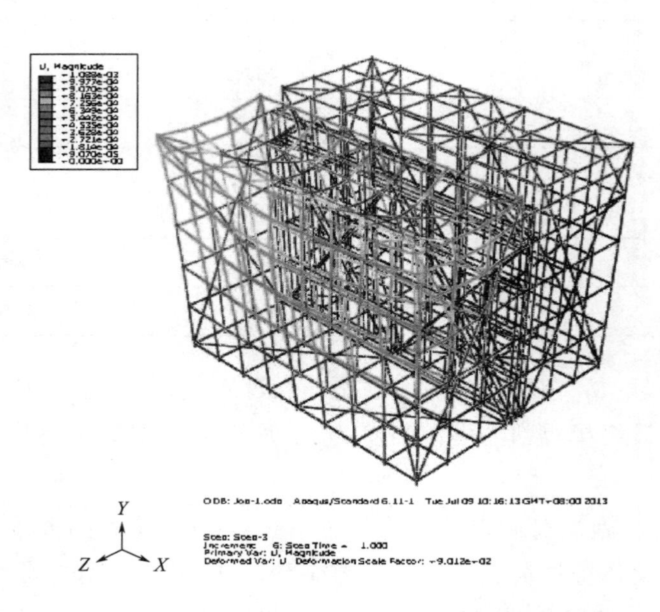

图 7-11　搭设高度为 9m 时第一次加载后的变形云图

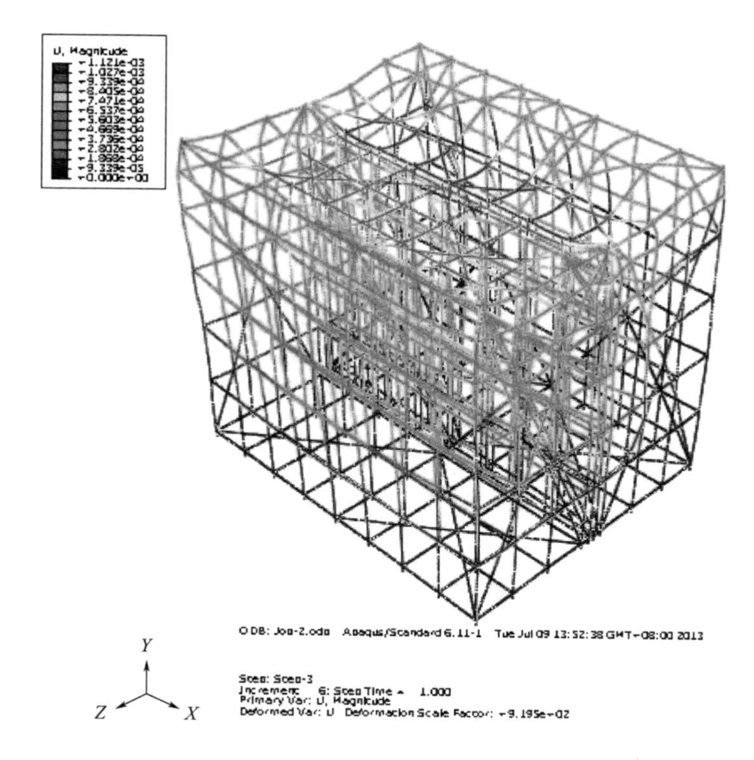

图 7-12　搭设高度为 9m 时第三次加载后的变形云图

浇筑过程中的整体侧移值（m）　　　　**表 7-6**

搭设高度 / 浇筑次序	9.0	10.8	12.6	14.4
第一次	10.880	12.610	14.680	16.230
第二次	5.603	7.240	9.076	10.710
第三次	0.892	1.027	1.188	1.326

对每一次浇筑过程的侧移情况进行分析，得到每一次浇筑后不同的高度下的整体侧移变化如图 7-13 ～图 7-15 所示。

由图 7-13 ～图 7-15 可以看出，随着搭设高度的增加，非对称浇筑引起的高支模整体侧移呈接近直线增加的趋势。当高支模的搭设高度从 9m 增加到 10.8m，在进行第一次浇筑时，架体的整体侧移从 10.88mm 增加到 12.61mm，增长幅度为 15.9%，第二次浇筑时，整体侧移从 5.603mm 增加到 7.240mm，增长幅度为 29.2%，在浇筑的最后一个阶段，即全部浇筑时，整体侧移从 0.892mm 增加到

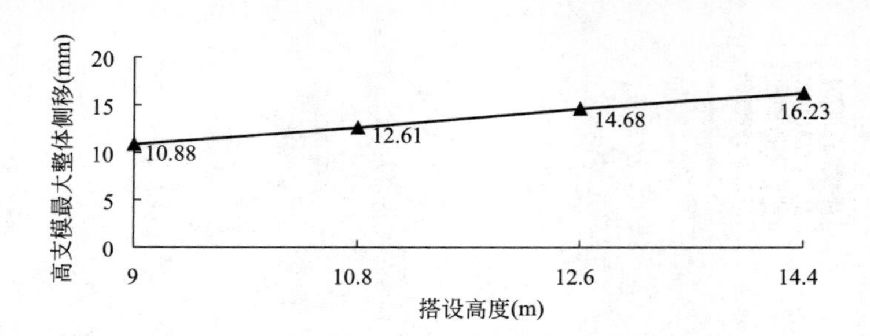

图 7-13　第一次浇筑混凝土时不同高度的整体侧移

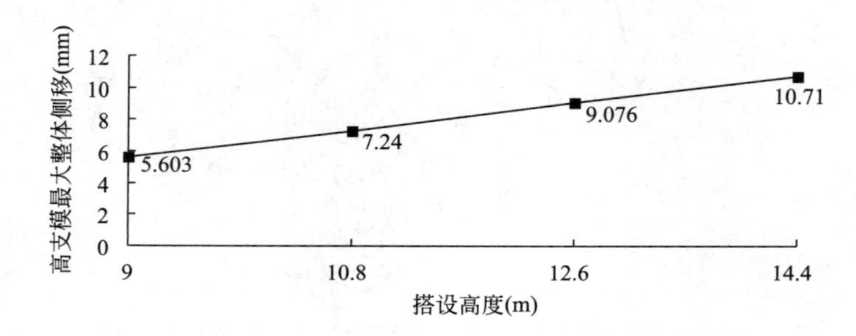

图 7-14　第二次浇筑混凝土时不同高度的整体侧移

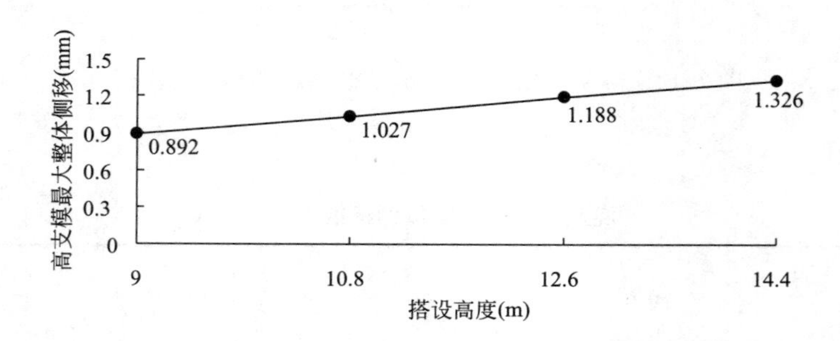

图 7-15　第三次浇筑混凝土时不同高度的整体侧移

1.027mm，增长幅度为 15.1%；当搭设高度从 10.8m 增加到 12.6m，在进行第一次浇筑时，整体侧移从 12.61mm 增加到 14.68mm，其增长幅度为 16.4%，第二次浇筑时，整体侧移从 7.240mm 增加到 9.076mm，增长幅度为 25.4%，在浇筑的最后一个阶段，整体侧移从 1.027mm 增加到 1.188mm，增长幅度为 15.7%；当搭设高度从 12.6m 增加到 14.4m，在进行第一次浇筑时，整体侧移从 14.68mm 增加到 16.23mm，其增长幅度为 10.6%；在浇筑混凝土的第二阶段，整体侧移从 9.076mm 增加到 10.71mm，增长幅度为18%，进行最后一次浇筑混凝土时，整体侧移从 1.188mm 增加到 1.326mm，其增长幅度为 11.6%。

用 ABAQUS 有限元分析软件模拟了混凝土的浇筑顺序对高支模不同搭设高度下

的整体侧移的影响，通过分析，得到以下结论：

（1）当浇筑面积逐步增加时，高支模的整体侧移逐渐减小。

（2）非对称混凝土浇筑初期的侧移较大，以第一次浇筑为例，当搭设高度由9m 增加到 14. 4m，即高度增长 60%，架体侧移从 10. 88mm 增加到 16. 23mm。这说明混凝土的浇筑顺序在高支模施工过程中不可忽略。架体的搭设高度越高，产生侧移越大，对整体稳定性越不利。

7.5.3　不同搭设高度下高支模架体立杆轴力分析

不同搭设高度下高支模立杆轴力值见表 7-7。

不同搭设高度下高支模立杆轴力值（kN）　　表 7-7

位置 \ 搭设高度（m）	9. 0	10. 8	12. 6	14. 4
梁下立杆上部	-11. 79	-12	-12. 02	-11. 87
梁下立杆下部	-9. 5	-9. 18	-8. 92	-7. 97
板中立杆上部	-21. 49	-21. 22	-21. 54	-21. 9
板中立杆下部	-19. 25	-19. 02	-18. 46	-17. 89
板边立杆上部	-15. 42	-15. 54	-15. 91	-16. 28
板边立杆下部	-14. 96	-14. 58	-12	-11. 31
板角立杆上部	-8. 43	-8. 46	-9. 02	-9. 11
板角立杆下部	-7. 98	-7. 64	-7. 01	-6. 54

分析立杆的轴力随搭设高度的变化规律如图 7-16 ～图 7-19 所示，规定受拉为正。

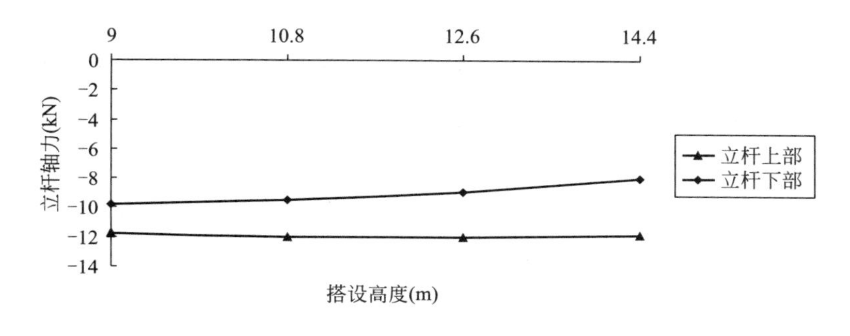

图 7-16　梁下立杆轴力随搭设高度变化规律

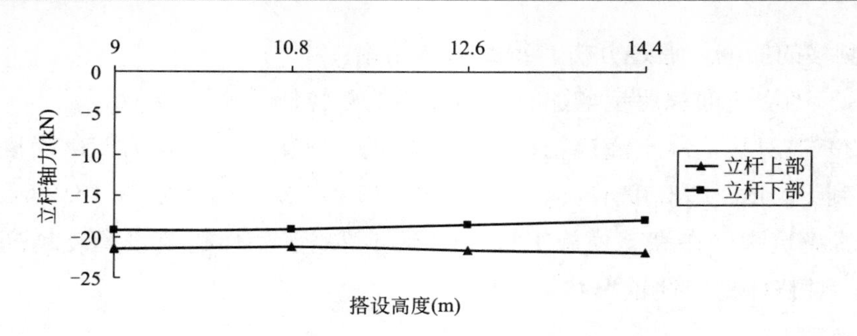

图 7-17　板中立杆轴力随搭设高度变化规律

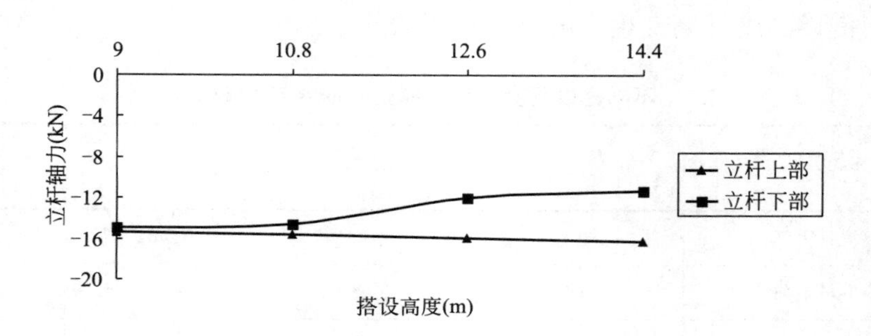

图 7-18　板边立杆轴力随搭设高度变化规律

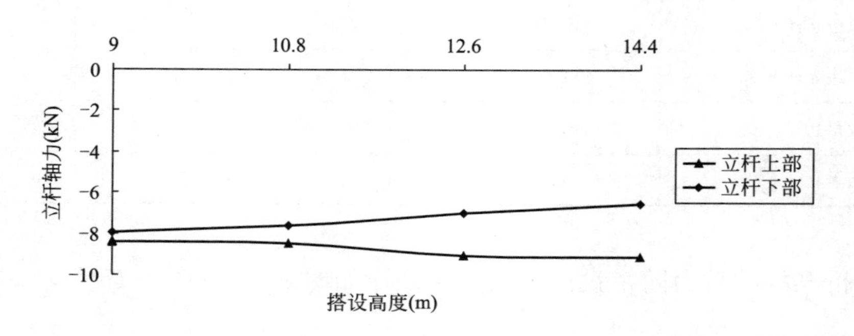

图 7-19　板角立杆轴力随搭设高度变化规律

由此看出，立杆轴力的整体变化趋势是随着搭设高度的增加，立杆上部的轴力变化趋势基本呈直线，而立杆的下部呈减小趋势。

以梁下立杆轴力的变化为例，当搭设高度从 9m 增加到 10.8m 时，立杆上部的轴压力从 11.79kN 增加到 12.00kN，其变化幅度为 1.78%，而立杆下部立杆的轴压力从 9.5kN 减少到 9.18kN，变化幅度为 3.36%；当搭设高度从 10.8m 增加到 12.6m 时，立杆上部的轴压力从 12kN 增加到 12.02kN，其变化幅度为 0.17%，而立杆下部立杆的轴压力从 9.18kN 减少到 8.92kN，变化幅度为 2.83%；当搭设高度从

12.6m增加到14.4m时，立杆上部的轴压力从12.02kN减小到11.87kN，其变化幅度为1.24%，而立杆下部立杆的轴压力从8.92kN减少到7.97kN，变化幅度为10.65%。

经分析可知：

（1）当搭设高度逐级增大时，立杆上部的变化幅度比较小，几乎可以忽略。

（2）立杆下部的轴力其减小幅度较大，并且随着高度增加，变化幅度越来越大。

（3）由于搭设高度的增加，水平步距不变，所以增设的水平杆增加，下部立杆的轴力由于水平杆的分配而减小。

在高支模体系施工过程中混凝土浇筑方式不容忽视，宜采用对称浇筑方式。另外，搭设高度越高，在非对称荷载作用下产生的架体侧移越大，不利于维持整体稳定性。立杆上部比下部受力要大，原因是高度越高，水平步距不变，水平杆增多，水平杆分担立杆的内力增加。

第8章 剪刀撑布置位置对高支模体系影响

根据《建筑施工模板安全技术规范》（JGJ 162-2008）6.2.4 第5条规定，当采用扣件式钢管作立柱支撑时，满堂模板和共享空间模板支架立柱，在外侧周圈应设由下至上的竖向连续式剪刀撑；中间在纵横向应每隔 10m 左右设由下至上的竖向连续式的剪刀撑，其宽度宜为 4 ～ 6m，并在剪刀撑部位的顶部、扫地杆处设置水平剪刀撑。本章针对该规范中模板支架立柱的外侧设置每隔 10m 的竖向连续剪刀撑布置间距进行分析，用 ABAQUS 有限元软件模拟每隔 8m、10m、12m、14m 设置剪刀撑时高支模的受力性能，从而为《建筑施工模板安全技术规范》（JGJ 162-2008）的修订提供依据。同时讨论了扣件式高支模体系的梁下剪刀撑布置方式和板下剪刀撑的布置方式对架体受力性能和整体侧移的影响。

8.1 计算模型的建立

模板支架的立杆间距为 1.2m，水平步距为 1.8m，地面到第一根横杆距离为 0.2m，立杆伸出顶端 100mm，钢管型号为 Q235，其规格为 $\phi48\times3$。模板的搭设高度为 14.4m，架体的搭设面积为 24m×24m。

高支模的四周设置连续竖向剪刀撑，分别在上部、中部和底部设置三道水平剪刀撑，以 6m 的间距为例，高支模架体的模型如图 8-1 所示。

加载方法及边界条件详见 6.2.2 节。

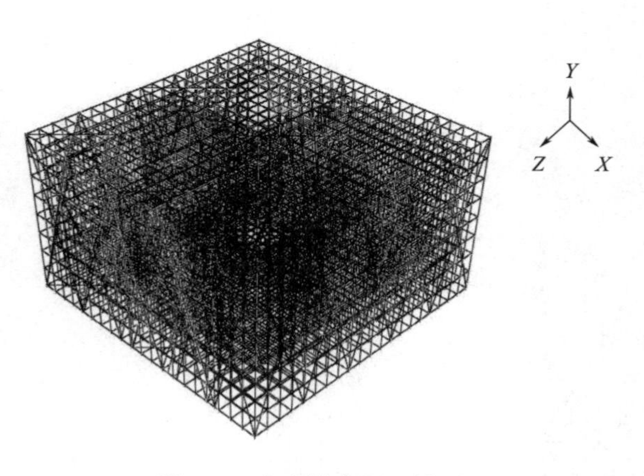

图 8-1　高支模有限元模型

8.2　高支模在不同剪刀撑立柱间距下的侧向变形分析

用 ABAQUS 有限元分析软件后处理分析得到 10m 剪刀撑立柱间距模型的变形云图如图 8-2 所示。图中从上到下变形量依次减小。分析剪刀撑立柱间距与高支模体系整体水平侧移的变化规律如图 8-3 所示。

由图 8-2 和图 8-3 分析可知在对称荷载作用下，高支模体系的上部侧移大于下部的侧移，靠近底部固定端的侧移最小。当支架立柱的剪刀撑布置间距为规范规定的 10m 时，整个体系的侧移值为 1.21mm，随着剪刀撑立柱间距的增大，架体的侧移是逐渐增加的，当间距从 10m 增加到 14m 即增加 25% 时，其侧移从 1.21mm

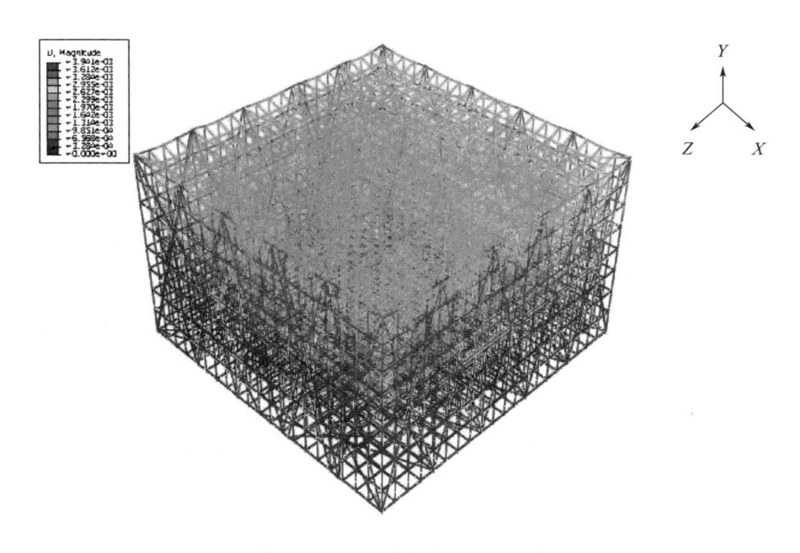

图 8-2　10m 模型的变形云图

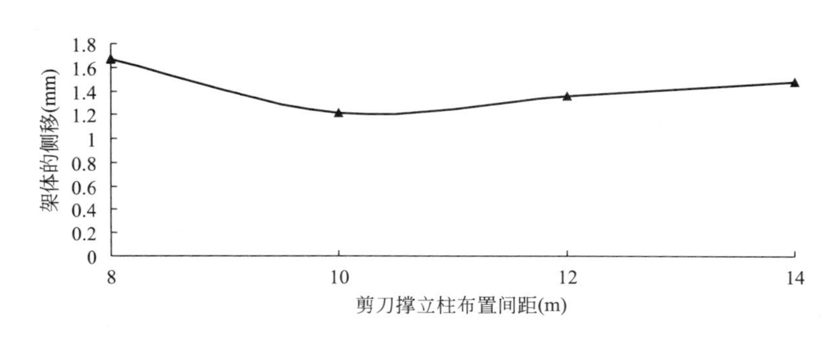

图 8-3　架体的整体侧移随剪刀撑布置间距的变化规律

增加到 1.48mm，增长幅度为 22%。

当剪刀撑立柱间距适当增加时的侧移与规范规定的 10m 间距相差较小，因此在高支模体系的设计中可以适当放宽剪刀撑立柱间距。

另外，在对称荷载作用下，高支模体系的水平剪刀撑的内力的变化也较规律，顶部的水平剪刀撑内力最大，随着整个支撑高度的下降，水平剪刀撑内力逐渐减小，底部达到最小，这是因为高支模受力时，顶部立杆受力较大，立杆的内力一部分由水平杆分担，水平剪刀撑也要对其有约束作用。

所以，可根据实际情况增加剪刀撑立柱间距，对架体的整体侧移影响非常小，建议实际施工过程中根据实际工况适当的放宽该间距，节省材料。

8.3 不同的剪刀撑布置位置对高支模体系受力性能的影响

8.3.1 计算模型

在该计算模型的基础上，建立两种不同剪刀撑布置位置的模型，分别为：（1）剪刀撑在 1 号、2 号、3 号梁底各布置一道竖向剪刀撑。（2）沿着架体平行于梁的方向在板底每隔 3.6m 布置竖向剪刀撑。架体四周按照规范要求布置竖向连续剪刀撑。

8.3.2 剪刀撑的布置位置对高支模侧移的影响分析

通过对两种布置剪刀撑位置的高支模架体施加相同的对称荷载，经分析得到：当竖向连续剪刀撑布置在梁下时，高支模体系的最大位移为 1.01mm，从上到下，架体的整体侧移依次减小，靠近底部固定端的位移最小，其值几乎为零。其侧移从上到下的值依次为 1.01mm、0.93mm、0.82mm、0.71mm、0.62mm、0.57mm、0.44mm、0.36mm、0.19mm、0.09mm；当剪刀撑布置在板下时，高支模体系的整体最大位移为 1.27mm，其侧移随支架高度降低的值分别为 1.87mm、1.52mm、1.38mm、1.24mm、0.97mm、0.81mm、0.74mm、0.67mm、0.49mm、0.31mm、0.23mm、0.17mm。

在板底布置的剪刀撑间距要小于梁底剪刀撑的布置间距，但是梁底剪刀撑的布置产生的侧移比板底剪刀撑方式小 0.86mm，说明在梁底布置竖向剪刀撑对高支模体系的整体稳定性更有利。梁底剪刀撑的间距为 4.4m，其间距大于板底剪刀撑间距，但其产生的侧移仍然小于在板底设置剪刀撑时架体的侧移，整体稳定性更好。

8.3.3　剪刀撑的布置对梁底立杆内力的影响分析

分别讨论两种剪刀撑布置位置对 1 ～ 3 号梁底立杆的轴力的影响，梁底立杆在梁下剪刀撑和板下剪刀撑的布置方式下的轴力见表 8-1。两种方式下的立杆对比值如图 8-4 所示。

不同剪刀撑布置位置下的梁底立杆轴力值（kN）　　表 8-1

梁号 位置	1 号	2 号	3 号
梁下	6.21	1.36	0.87
板下	8.42	3.03	2.49

经过分析可知：当在梁下布置剪刀撑时，梁底的立杆轴力减小；以 1 号梁为例，梁下剪刀撑布置时的梁底轴力比板下布置时小 2.21kN。这是由于梁下的剪刀撑对立杆的轴力起约束作用，分担了一部分立杆的轴力，同时梁底属于高支模体系的危险截面，所以梁下的剪刀撑布置方式有利于缓解危险截面。

由以上分析得出在实际施工过程中可以根据工况适当的放宽该间距，节省材料；两种剪刀撑布置位置在相同荷载作用下产生的架体侧移均不大，这表明在扣件式高支模体系中设置剪刀撑对整体承载力的提高起到重要作用，能较好地保证架体的整体稳定性；梁下剪刀撑的布置间距虽大于板下剪刀撑，但其产生的架体侧移比板下的小，同时分担了部分梁底立杆的轴力，这说明梁下的剪刀撑布置位置对高支模体系的整体稳定性更为有利。

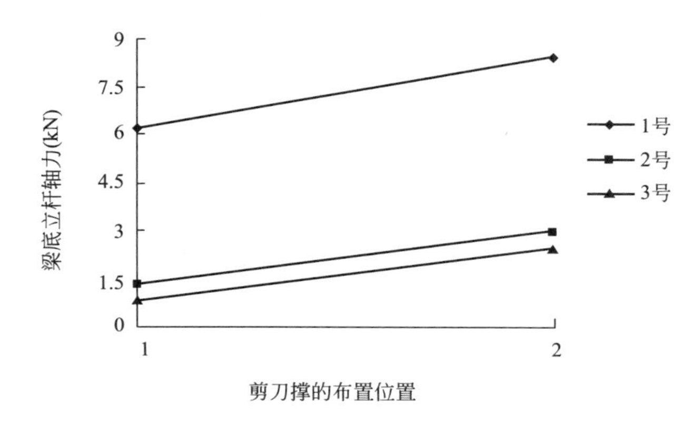

图 8-4　不同剪刀撑布置位置下的梁底立杆轴力变化图

注：图中横坐标 1 和 2 分别代表梁下布置剪刀撑和板下布置剪刀撑。

第 9 章　高支模体系失稳破坏有限元分析

由于前面章节高支模在所受荷载作用下，并没有产生过大的变形，而且变形比较对称，所以均未发生破坏。本章将主要采用有限元软件研究高支模在发生失稳破坏时，架体各部位的受力变化情况，以及不同剪刀撑搭设情况对高支模失稳荷载的影响。

以高支模模型为基础，采用 ANSYS 有限元软件对不同搭设情况下的模型进行特征值屈曲分析，得到其失稳模态以及极限承载力。

在特征值屈曲分析中，一项重要的结果就是结构的失稳模态，即模型失稳时最容易发生的变形。失稳模态可以有助于发现模型的薄弱环节。此外，第一阶模态可以作为非线性屈曲分析时初始缺陷的一种位移模式。

9.1　计算模型

计算模型参数详见 6.1 节。立杆、水平杆采用 Beam4 单元模拟，剪刀撑采用 Link8 单元模拟，扣件节点连接采用 combin14 单元模拟，建立初始刚度 K=50000N·m/rad 的“半刚性”模型与“理想刚接”下的模型进行比较分析。有限元模型如图 9-1 所示，施加荷载与约束情况如图 9-2 所示。

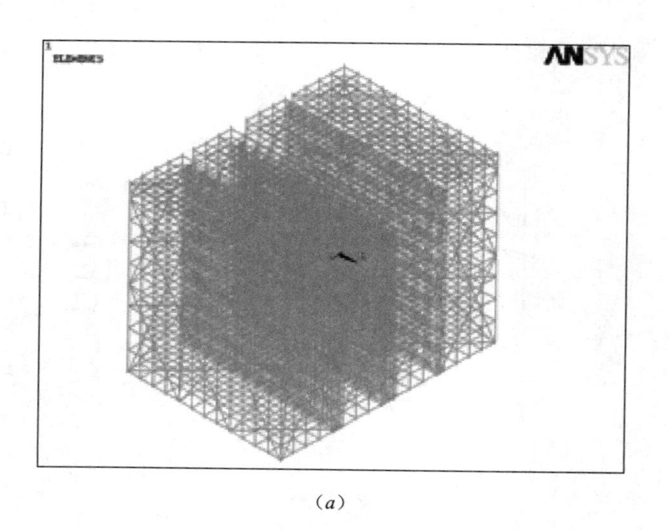

(*a*)

图 9-1　高支模有限元模型

(*a*) 高支模模型

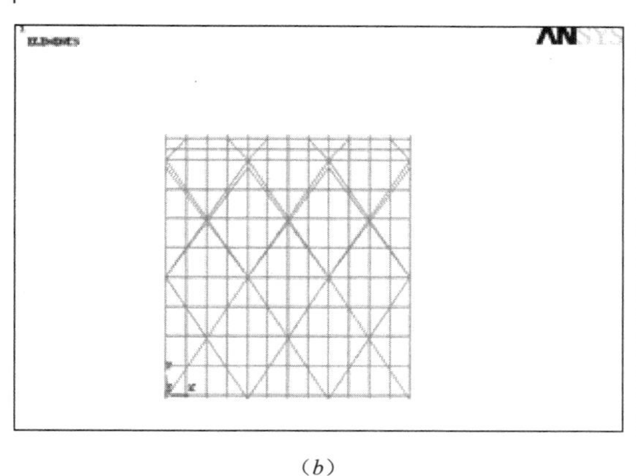

(*b*)

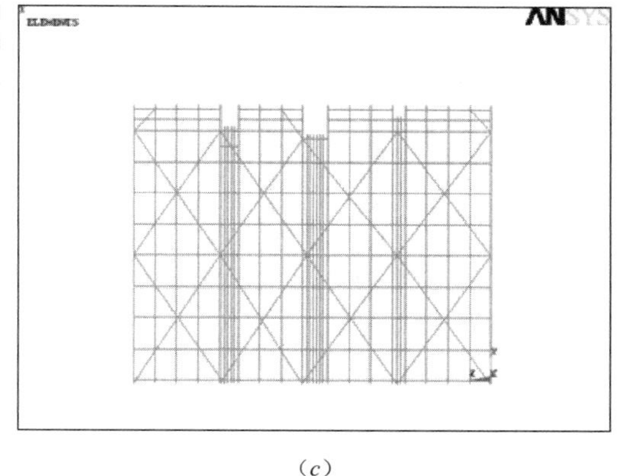

(*c*)

图 9-1　高支模有限元模型（续）
（*b*）高支模模型 *Y-X* 立面图；（*c*）高支模模型 *Y-Z* 立面图

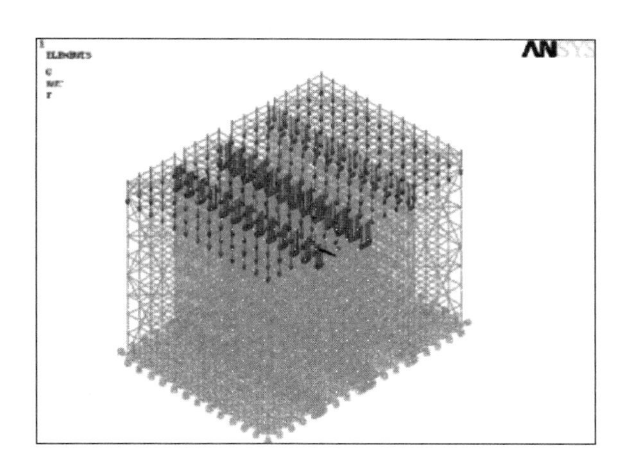

图 9-2　施加约束及荷载图

9.2　剪刀撑数量对高支模架体稳定承载力影响

9.2.1　设剪刀撑高支模架体特征值屈曲分析

模型失稳变形图及失稳模态图如图 9-3 所示。

从图 9-3（*a*）可以看出，高支模体系一阶失稳荷载为 24.968kN。在一阶屈曲状态下，架体主要沿着横向发生变形，纵向几乎没有变化，并且横向变形接近正弦曲线变化，以架体中间线为分界线分为上下两部分，上下部分分别向不同方向弯曲，高支模横向变形在上部中间位置达到最大值。

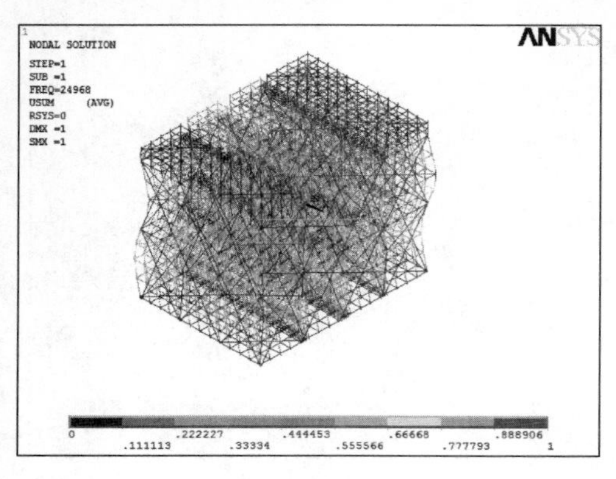

一阶失稳变形云图

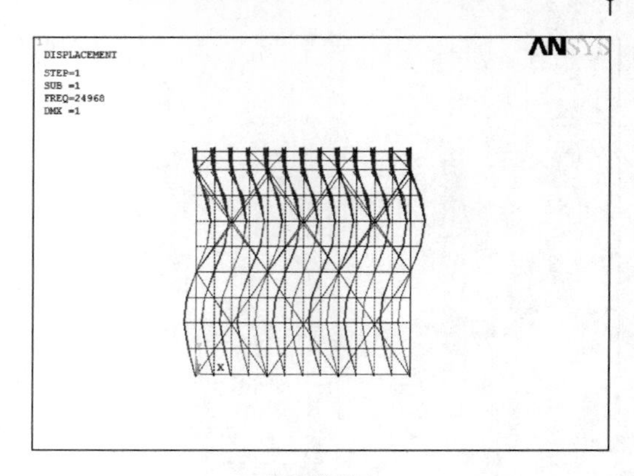

一阶失稳模态

(*a*)

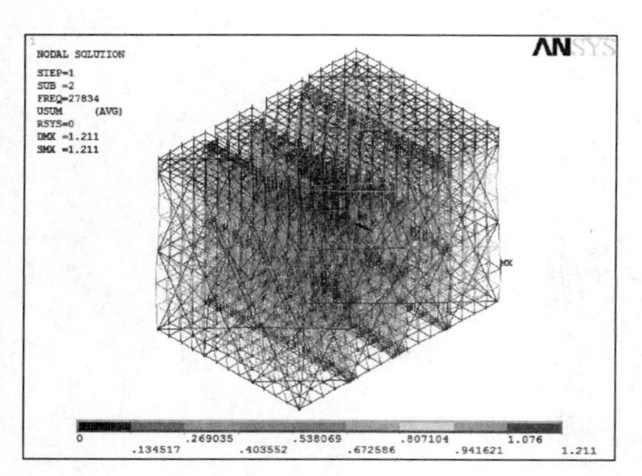

二阶失稳变形云图

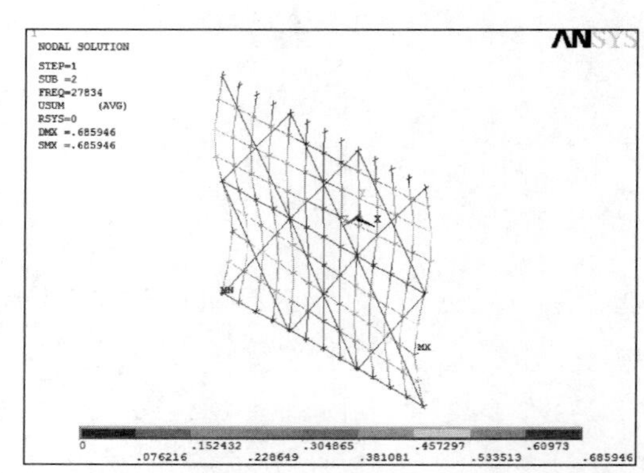

二阶失稳断面变形图

(*b*)

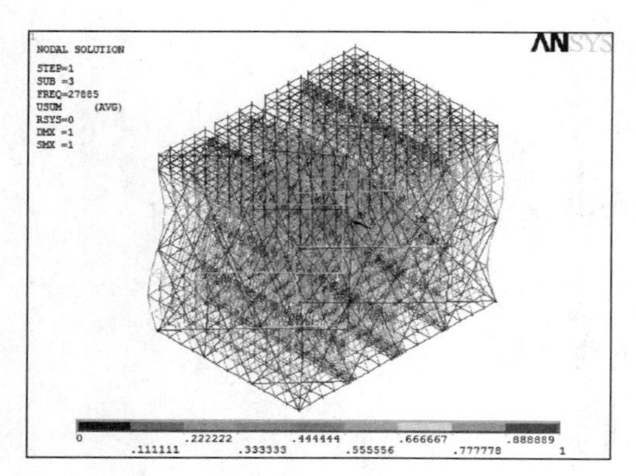

三阶失稳变形云图

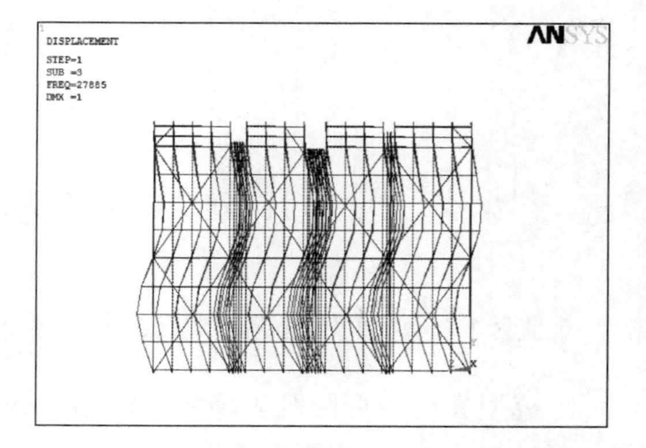

三阶失稳模态

(*c*)

图 9-3　有剪刀撑高支模体系屈曲模态

(*a*) 模态 1；(*b*) 模态 2；(*c*) 模态 3

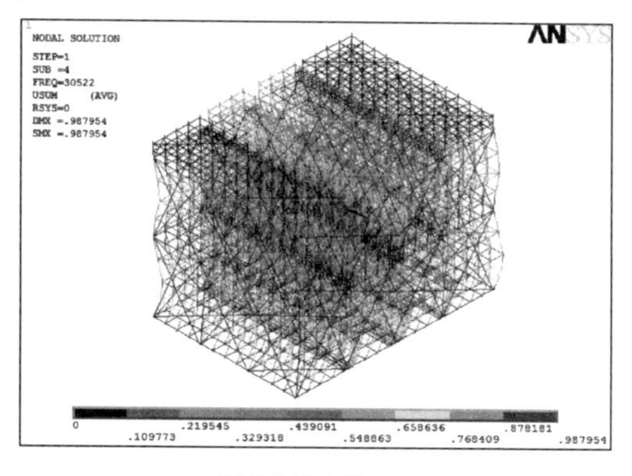

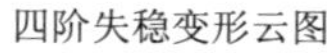
四阶失稳变形云图

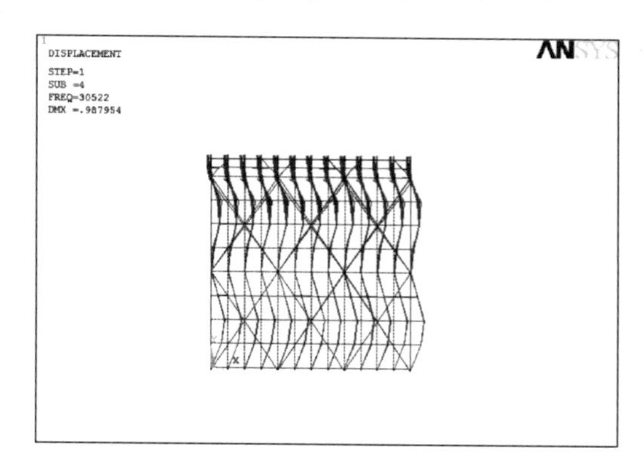

四阶失稳模态

(*d*)

图 9-3　有剪刀撑高支模体系屈曲模态（续）
（*d*）模态 4

从图 9-3（*b*）可以看出，高支模体系二阶失稳荷载为 27.834kN。在二阶屈曲状态下，高支模架体在横向、纵向都发生了比较大的位移。从断面图可以发现一个断面的两侧的弯曲方向相反，这显示出高支模整个架体已经发生扭转。架体最大侧移发生在下部的中间位置。

从图 9-3（*c*）可以看出，高支模体系三阶失稳荷载为 27.885kN。架体的变形发生改变，架体的变形主要发生在纵向，而横向变形却非常小。从三阶失稳模态可以发现，架体纵向的变形也是接近一个周期的正弦变化，并且同样在架体下部中间达到最大值。

从图 9-3（*d*）可以看出，高支模体系四阶失稳荷载为 30.522kN。从四阶失稳模态可以看出，架体的变形主要发生在横向，纵向变形很小。架体的变形不再接近一个周期的正弦曲线，而是上下部分向相同的方向弯曲，架体的最大侧移发生在架体下部中间处。有剪刀撑高支模体系的失稳荷载见表 9-1。

有剪刀撑高支模体系失稳数据　　**表 9-1**

屈曲模态	1 阶屈曲	2 阶屈曲	3 阶屈曲	4 阶屈曲
压力值（kN）	24.968	27.834	27.885	30.522

9.2.2　无剪刀撑高支模体系特征值屈曲分析

在有剪刀撑的模型基础上，去掉所有的剪刀撑，其他条件不改变，研究无剪刀撑高支模架体的失稳荷载与屈曲状态。

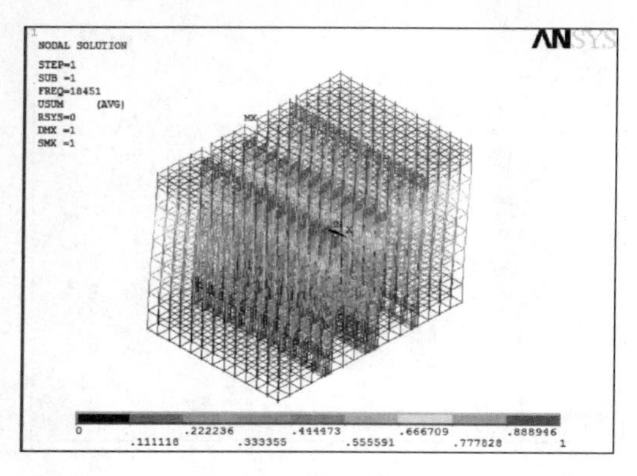

一阶失稳变形云图

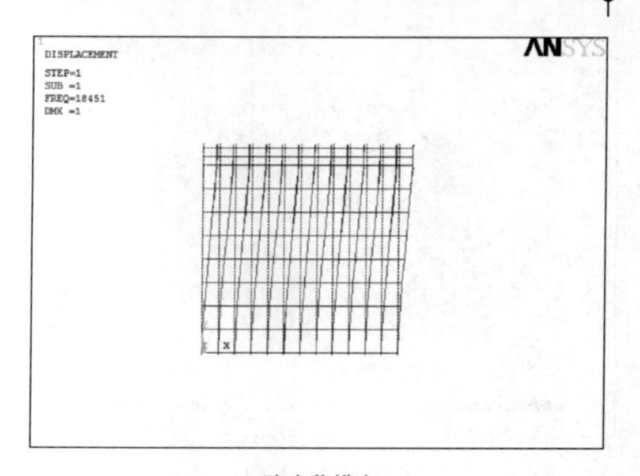

一阶失稳模态

(*a*)

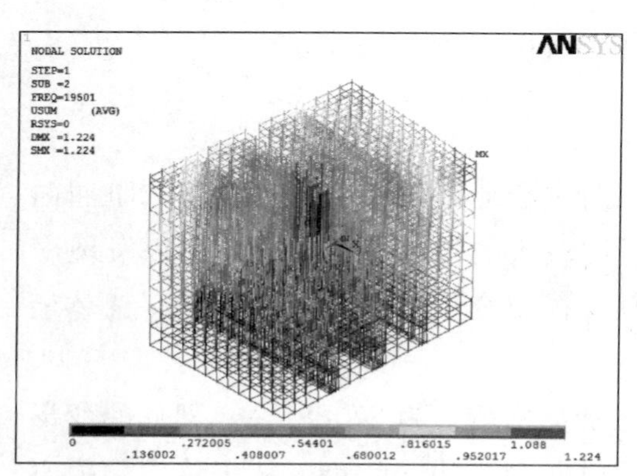

二阶失稳变形云图

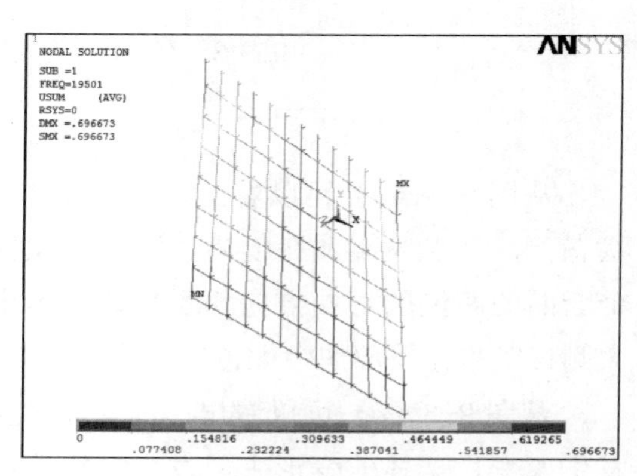

二阶失稳断面变形图

(*b*)

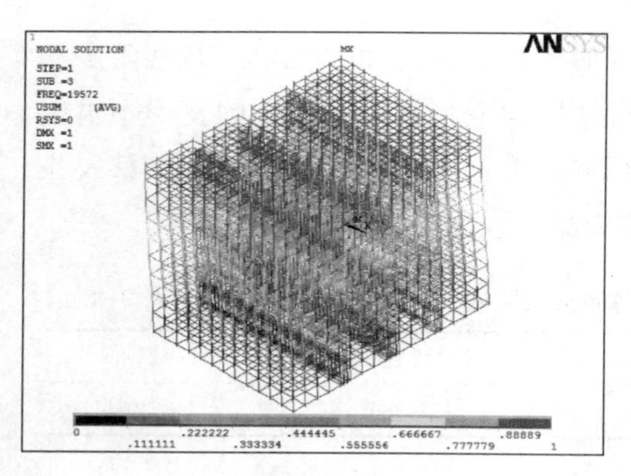

三阶失稳变形云图

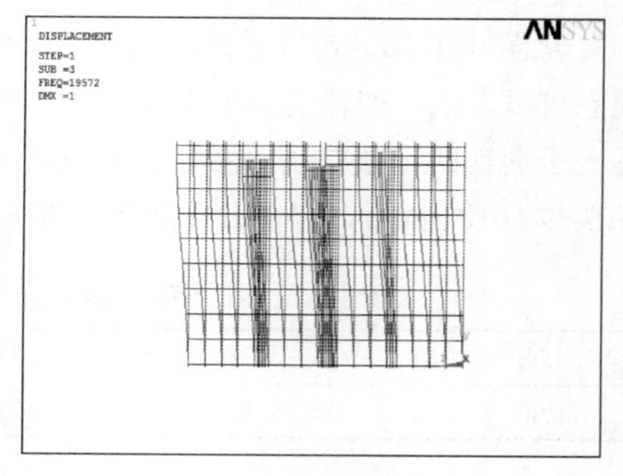

三阶失稳模态

(*c*)

图 9-4　无剪刀撑高支模体系屈曲模态

(*a*) 模态 1；(*b*) 模态 2；(*c*) 模态 3

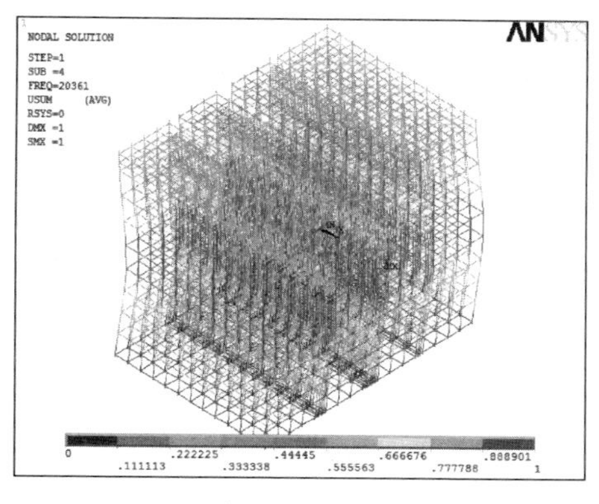

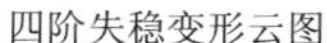
四阶失稳变形云图

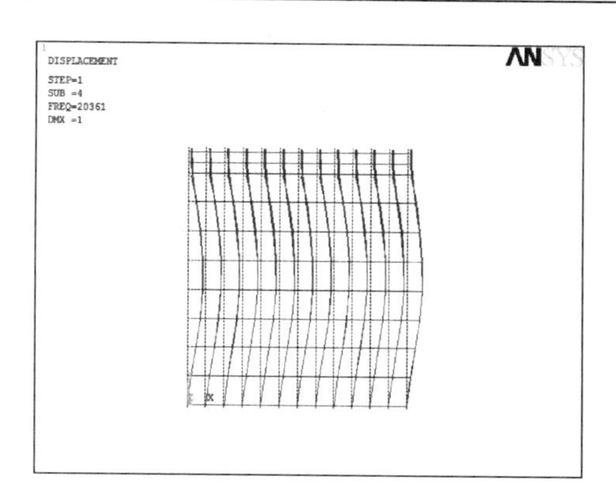

四阶失稳模态

(*d*)

图 9-4　无剪刀撑高支模体系屈曲模态（续）

(*d*) 模态 4

从图 9-4（*a*）可以看出，高支模体系一阶失稳荷载为 18.451kN。从一阶失稳模态可以发现，高支模架体的变形主要发生在横向，纵向变形比较小。并且从架体底部到顶部，架体的侧移逐渐增大，在架体的顶端达到最大值。

从图 9-4（*b*）可以看出，高支模体系二阶失稳荷载为 19.501kN。从二阶失稳模态以及变形图可以发现，高支模架体在横向、纵向都有较大的变形，从断面图也可发现断面已经发生扭曲，并且在高支模顶端的四个角处变形最大。

从图 9-4（*c*）可以看出，高支模体系失稳荷载为 19.572kN。从三阶失稳模态可以发现，高支模架体主要沿着纵向发生变形，横向几乎没有变形。架体纵向向着 2 号梁方向偏移，并且最大侧移同样发生在架体顶端。

从图 9-4（*d*）可以看出，高支模体系的失稳荷载为 20.361kN。从四阶失稳模态可以发现，高支模架体的变形主要发生在横向，侧向几乎没有变形。架体的中部发生弯曲，并且达到最大侧移。无剪刀撑高支模体系失稳荷载见表 9-2。

无剪刀撑高支模体系失稳数据　　　　**表 9-2**

屈曲模态	1 阶屈曲	2 阶屈曲	3 阶屈曲	4 阶屈曲
压力值（kN）	18.451	19.501	19.572	20.361

对比表 9-1、表 9-2 中失稳数据可以发现，与无剪刀撑体系相比，有剪刀撑体系下结构的极限承载力提高了 35.32%，这说明通过搭设剪刀撑可以有效地提高高支模体系的稳定性。

9.2.3 无水平剪刀撑高支模架体特征值屈曲分析

在有剪刀撑的模型基础上，去掉所有的水平剪刀撑，其他条件不改变，研究无水平剪刀撑高支模架体的失稳荷载与屈曲状态。

从图 9-5（*a*）可以看出，无水平剪刀撑高支模体系的一阶失稳荷载为 24.712kN。从一阶失稳模态可以发现，无水平剪刀撑高支模的一阶失稳模态与有剪刀撑下的失稳模态非常接近，结构变形只发生在横向，类似于正弦曲线的变化。并且在高支模架体 1 号梁下立杆的上部中间处达到最大侧移。

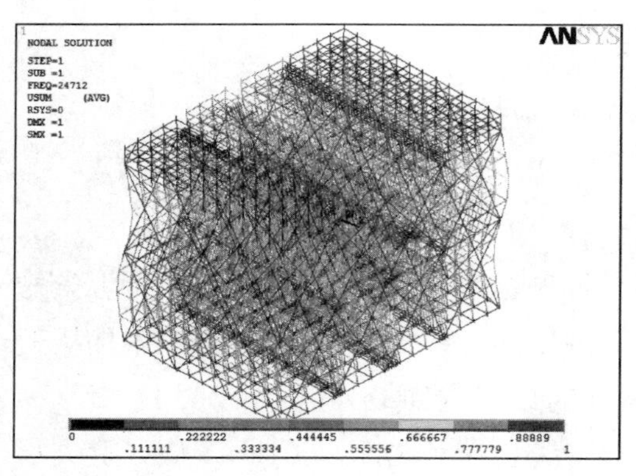

一阶失稳变形云图

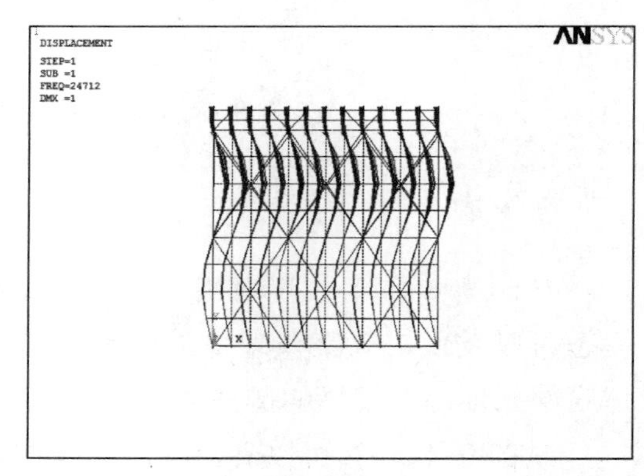

一阶失稳模态

（*a*）

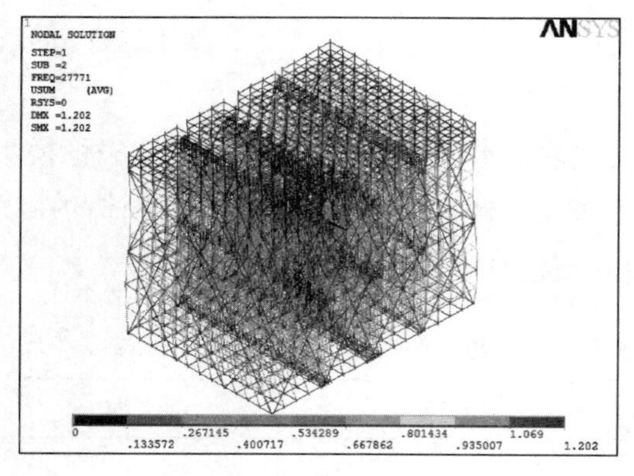

二阶失稳变形云图

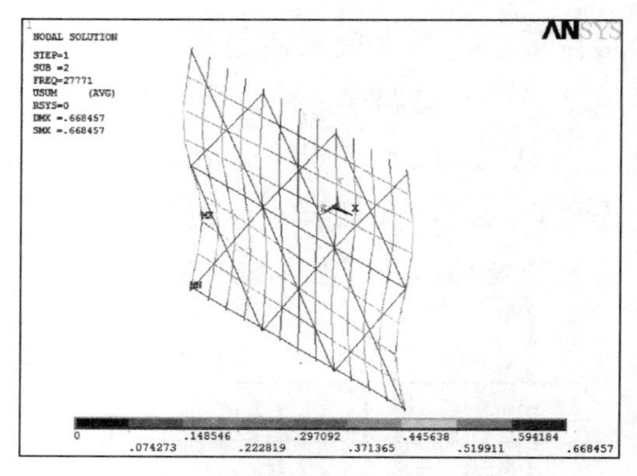

二阶失稳断面变形图

（*b*）

图 9-5　无水平剪刀撑高支模体系屈曲模态

（*a*）模态 1；（*b*）模态 2

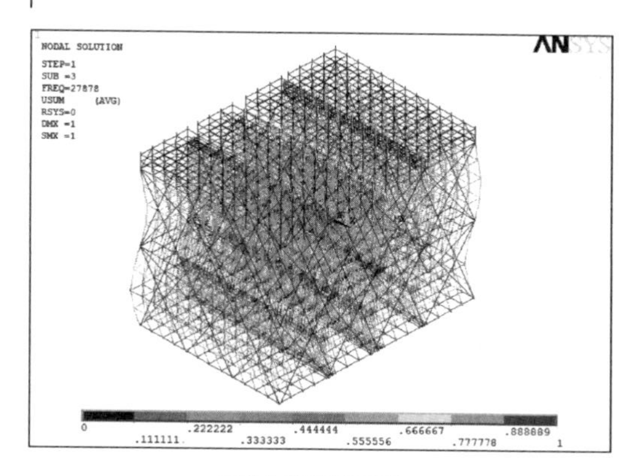

三阶失稳变形云图

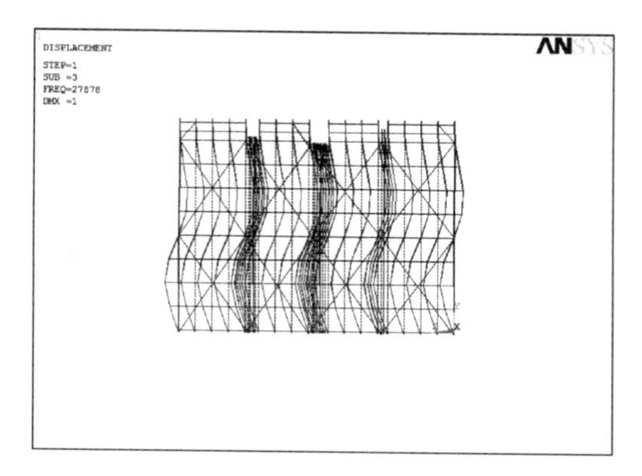

三阶失稳模态

(*c*)

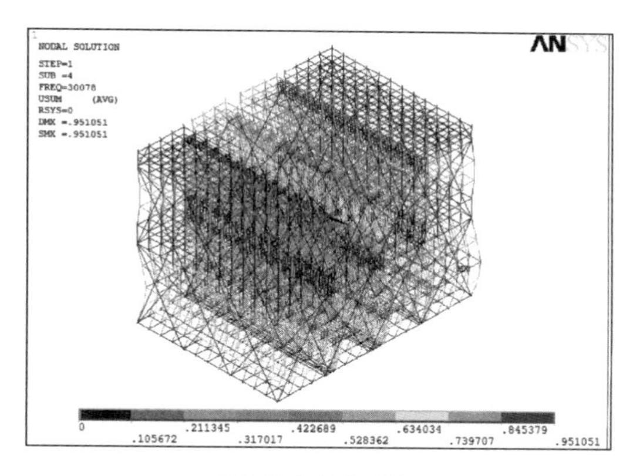

四阶失稳变形云图

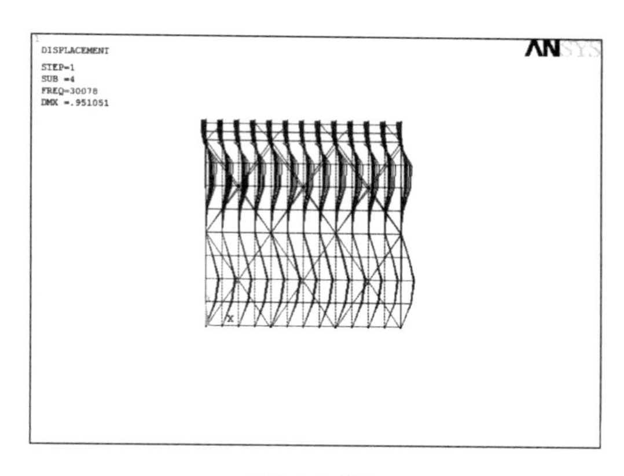

四阶失稳模态

(*d*)

图 9-5　无水平剪刀撑高支模体系屈曲模态（续）
(*c*) 模态 3；(*d*) 模态 4

从图 9-5（*b*）可以看出，无水平剪刀撑高支模体系的二阶失稳荷载为 27.771kN。从二阶失稳模态与变形图可以看到，高支模架体在横向、纵向都发生了比较大的位移。从断面图可以发现一个断面的两侧的弯曲方向相反，这显示出高支模整个架体已经发生扭转。架体最大侧移同样发生在下部的中间位置，并且发生在架体的四个角端。

从图 9-5（*c*）可以看出，无水平剪刀撑高支模体系三阶失稳荷载为 27.878kN。从三阶失稳模态可以发现，高支模架体变形主要沿着架体纵向，横向变形非常小，并且架体变形也类似一个周期的正弦曲线。架体的上下部分分别向不同的方向弯曲，并在下部中间位置达到最大侧移。

从图 9-5（*d*）可以看出，无水平剪刀撑高支模体系四阶失稳荷载为 30.078kN。从四阶失稳模态可以看出，架体的变形主要发生在横向，纵向变形很小。架体的变形不再接近一个周期的正弦曲线，而是上下部分向相同的方向弯曲，架体的最大侧移发生在架体下部中间处。无水平剪刀撑体系失稳荷载见表 9-3。

无水平剪刀撑高支模体系失稳数据 **表 9-3**

屈曲模态	1 阶屈曲	2 阶屈曲	3 阶屈曲	4 阶屈曲
压力值（kN）	59.059	62.257	63.767	67.320

对比表 9-1、表 9-3 中失稳数据可以发现，无水平剪刀撑高支模体系与有剪刀撑高支模体系相比较，架体的极限承载力相差不大，而且失稳模态非常相似，这说明水平剪刀撑对高支模体系的整体稳定性的影响并不是很大。

9.2.4 无梁底竖向剪刀撑高支模架体特征值屈曲分析

在有剪刀撑高支模基础上，将 1 号、2 号、3 号梁底的竖向剪刀撑去掉，再对模型进行特征值屈曲分析，研究其屈曲荷载以及失稳模态。

从图 9-6（*a*）可以看出，无梁底竖向剪刀撑高支模体系的一阶失稳荷载为 24.508kN。从一阶失稳模态可以发现，高支模主要沿着横向发生变形，纵向并没有变化，架体的变形接近于正弦曲线，架体的上下部分分别向不同方向弯曲，并在上部中间产生最大侧移。

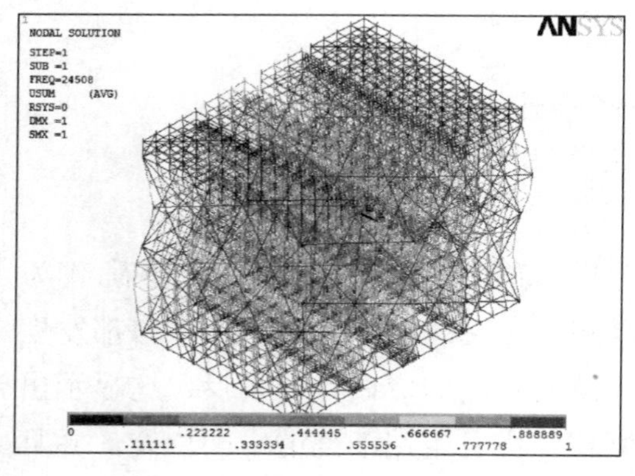

一阶失稳变形云图

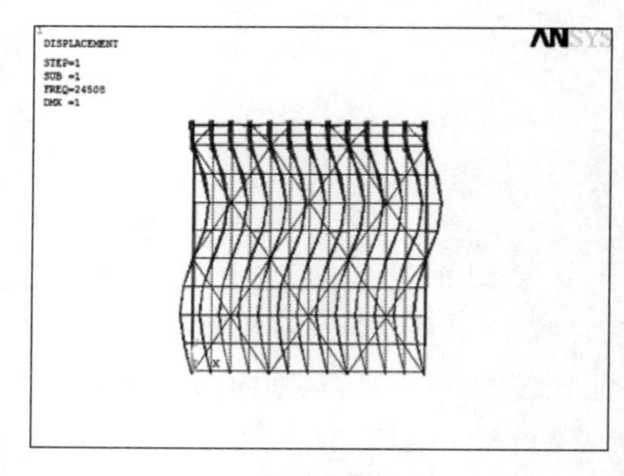

一阶失稳模态

（*a*）

图 9-6 无梁底竖向剪刀撑高支模体系屈曲模态

（*a*）模态 1

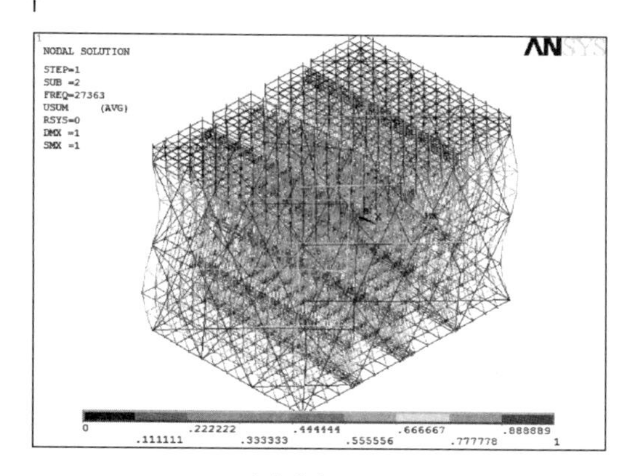

二阶失稳变形云图

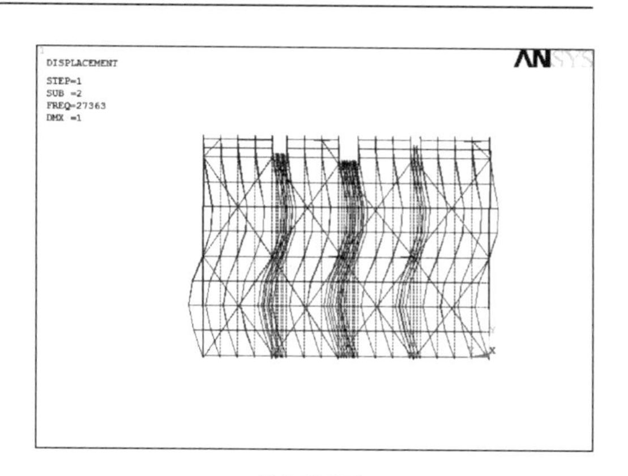

二阶失稳模态

（*b*）

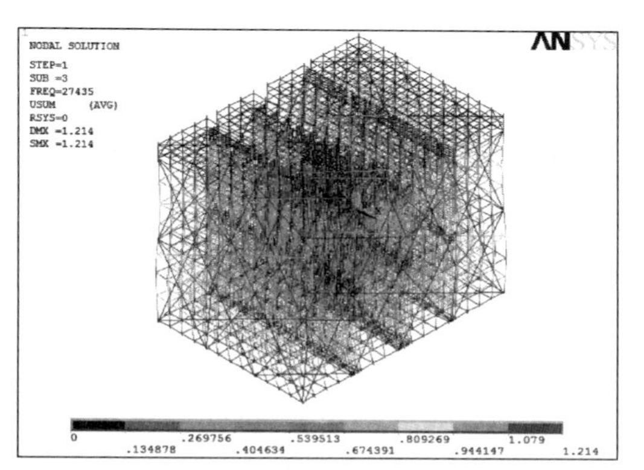

三阶失稳变形云图

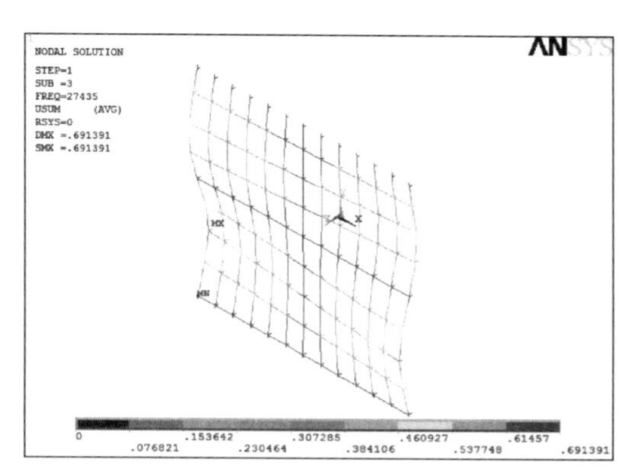

三阶失稳断面变形图

（*c*）

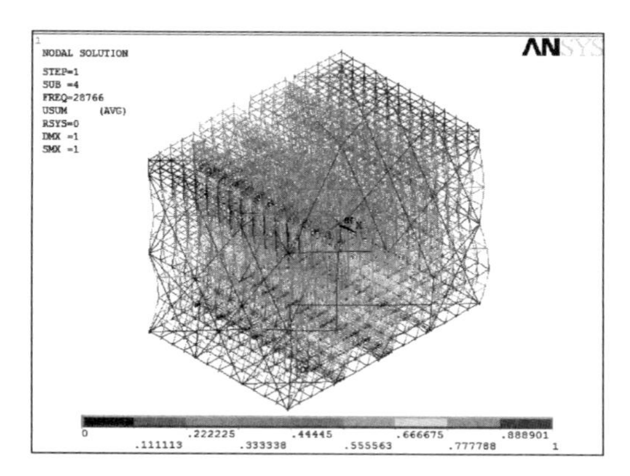

四阶失稳变形云图

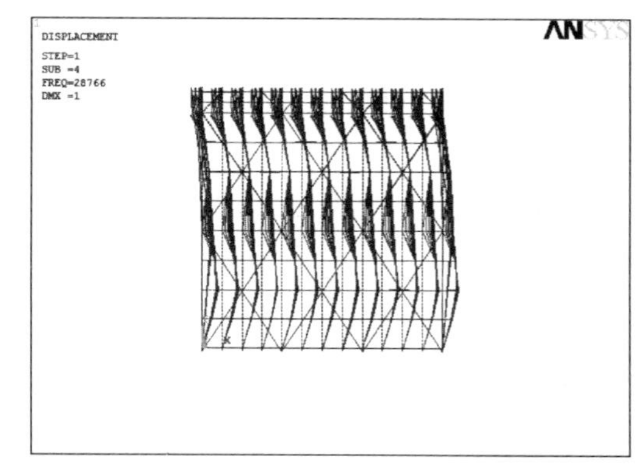

四阶失稳模态

（*d*）

图 9-6　无梁底竖向剪刀撑高支模体系屈曲模态（续）

（*b*）模态 2；（*c*）模态 3；（*d*）模态 4

从图 9-6（*b*）可以看出，无梁底竖向剪刀撑高支模体系的二阶失稳荷载为27.363kN。从二阶失稳模态可以发现，高支模架体变形主要沿着架体纵向，横向变形非常小，并且架体变形也类似一个周期的正弦曲线。架体的上下部分分别向不同的方向弯曲，并在下部中间位置达到最大侧移。

从图 9-6（*c*）可以看出，无梁底竖向剪刀撑高支模体系三阶失稳荷载为27.435kN。从三阶失稳模态与变形图可以看到，高支模架体在横向、纵向都发生了比较大的位移。整个架体已经发生扭曲变形，并且架体顶部的变形非常小，四个角端在下部中间处侧移最大。

从图 9-6（*d*）可以看出，无梁底竖向剪刀撑高支模体系四阶失稳荷载为28.766kN。从四阶失稳模态可以看出，架体的变形主要发生在横向，纵向变形很小。架体的上下部分向同方向弯曲，中部向相反方向弯曲的趋势，并且架体下部中间处达到最大侧移。无梁底竖向剪刀撑体系失稳荷载见表 9-4。

无梁底竖向剪刀撑高支模体系失稳数据 **表 9-4**

屈曲模态	1 阶屈曲	2 阶屈曲	3 阶屈曲	4 阶屈曲
压力值（kN）	24.508	27.363	27.435	28.766

对比表 9-1、表 9-4 中失稳数据可以发现，无梁底竖向剪刀撑高支模体系与有剪刀撑高支模体系相比较，梁底搭设竖向剪刀撑时，高支模体系的稳定承载力提高 1.87%，这表明梁底竖向剪刀撑虽然可以提高架体稳定承载力，但不显著。

9.2.5 无四周连续剪刀撑高支模架体特征值屈曲分析

在有剪刀撑模型基础上，去掉四周连续布置的剪刀撑，研究这种情况下高支模稳定承载力的变化，以及结构的失稳模态。

从图 9-7（*a*）可以看出，无四周连续剪刀撑高支模体系的一阶失稳荷载为19.609kN。从一阶失稳模态可以发现，与其他几种情形不同，高支模的变形主要发生在架体纵向，架体的侧移由下到上逐渐增加，在架体顶端达到最大值。

从图 9-7（*b*）可以看出，无四周连续剪刀撑高支模体系的二阶失稳荷载为22.742kN。从二阶失稳模态可以发现，架体的变形依然发生在纵向，横向侧移很小。架体顶端与底部侧移较小，在中间处弯曲，并且变形最大。

从图 9-7（*c*）可以看出，无四周连续剪刀撑高支模体系的三阶失稳荷载为24.283kN。从三阶失稳模态可以发现，架体主要沿着横向发生变形，并且变形接近于正弦曲线。架体上下部分分别向不同方向弯曲，在上部中间处侧移达到最大值。

从图 9-7（*d*）可以看出，无四周连续剪刀撑高支模体系的四阶失稳荷载为

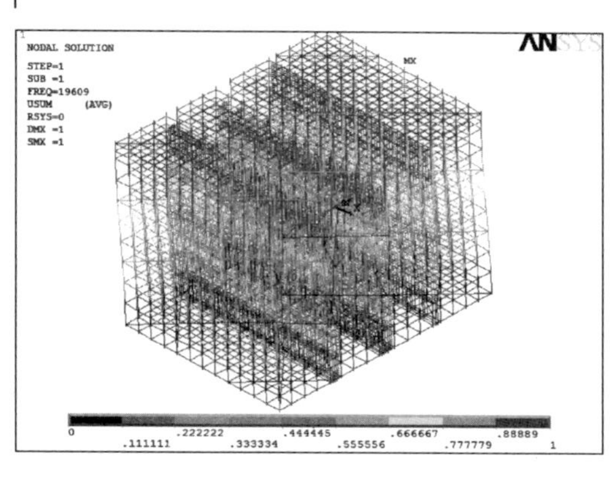

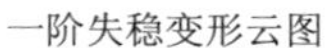

一阶失稳变形云图

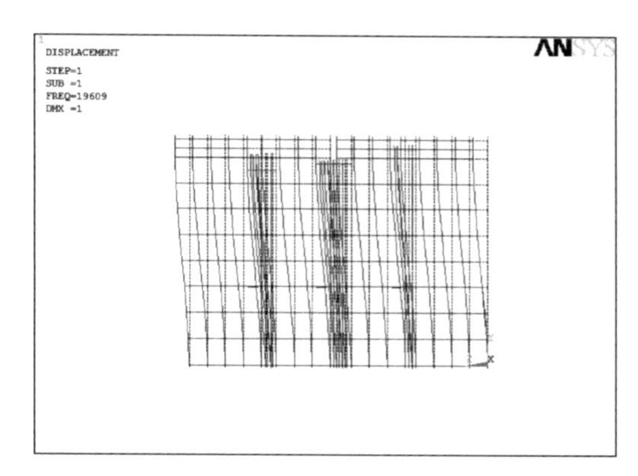

一阶失稳模态

(*a*)

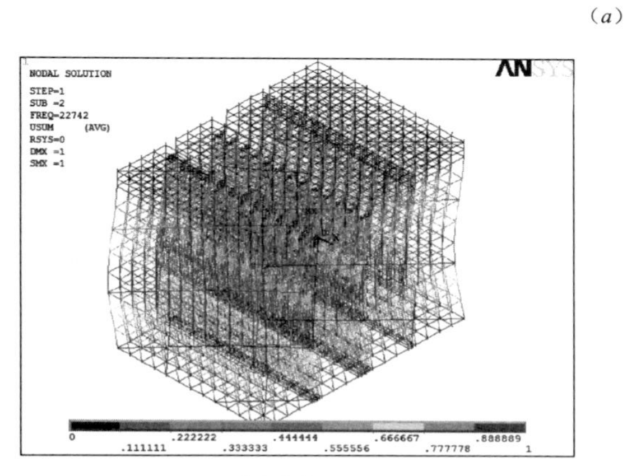

二阶失稳变形云图

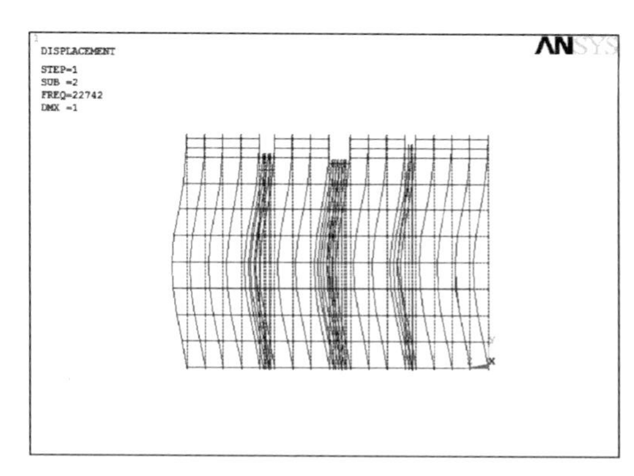

二阶失稳模态

(*b*)

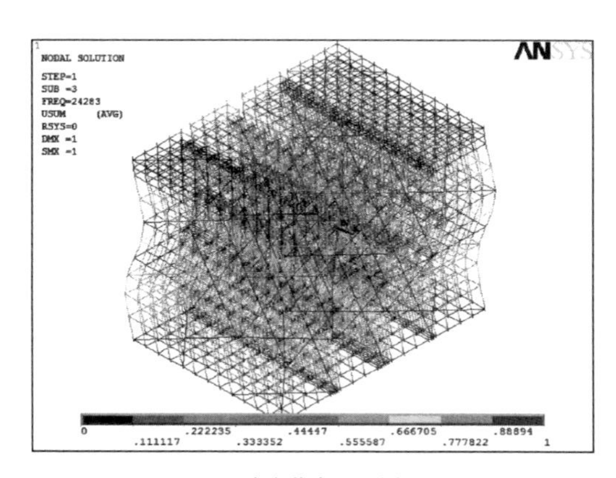

三阶失稳变形云图

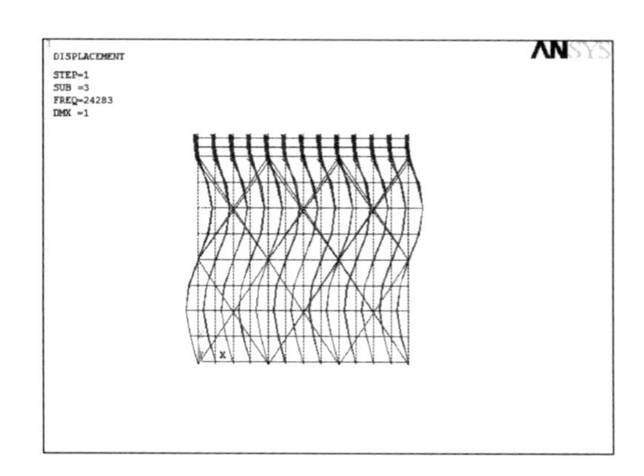

三阶失稳模态

(*c*)

图 9-7　无四周连续剪刀撑高支模体系屈曲模态

(*a*) 模态 1；(*b*) 模态 2；(*c*) 模态 3

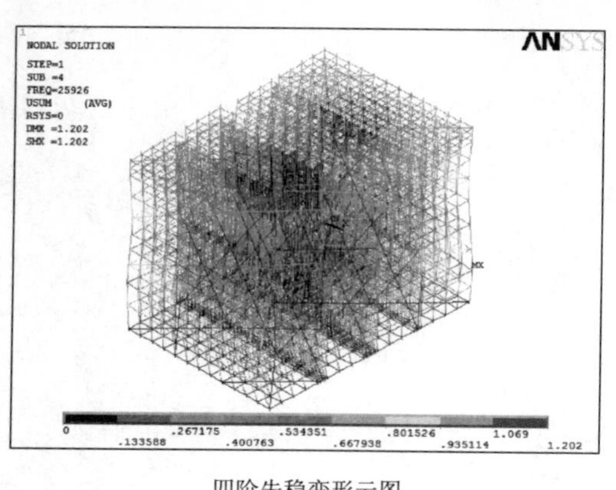

四阶失稳变形云图

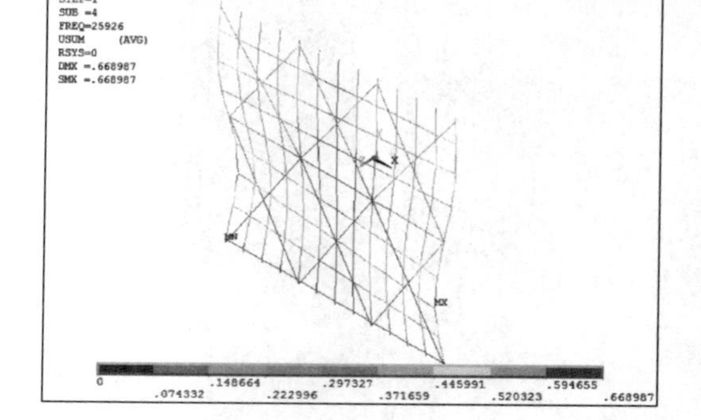

四阶失稳断面变形图

（*d*）

图 9-7　无四周连续剪刀撑高支模体系屈曲模态（续）
（*d*）模态 4

25.926kN。从四阶失稳断面可以发现断面两侧向不同方向弯曲，这说明整个架体已经发生扭转变形。在架体的四个角端的下部中间处变形达到最大值。无四周连续剪刀撑体系失稳荷载见表 9-5。

无四周连续剪刀撑高支模体系失稳数据　　　　**表 9-5**

屈曲模态	1 阶屈曲	2 阶屈曲	3 阶屈曲	4 阶屈曲
压力值（kN）	19.609	22.742	24.283	25.926

对比表 9-1、表 9-2、表 9-5 中失稳数据可以发现，无四周连续剪刀撑高支模体系的极限承载力比有剪刀撑高支模体系的极限承载力小得多，接近于无剪刀撑高支模体系下的失稳荷载，这说明四周连续剪刀撑对高支模的稳定性的影响很大。

9.3　搭设高度对高支模架体稳定承载力影响

应用 ANSYS 软件分别建立高支模架体底部到最大梁梁底的高度为 9.5m、13.1m、16.7m、20.3m、23.9m（按步距 1.8m 倍数加上顶部伸出端与扫地杆高度选取）的几种搭设高度的有限元模型。对模型进行特征值屈曲分析得到高支模架体的稳定承载力与失稳模态，并与规范计算所得的失稳荷载加以比较，找出搭设高度对高支模稳定性的影响规律。

根据《建筑施工模板安全技术规范》（JGJ 162-2008），不考虑风荷载作用，计算此模板支架的失稳荷载的步骤如下：

模板支架立杆的计算长度 l_0：

$$l_0=h=1.8\text{m}$$

式中　h——模板支架立杆步距。

由于梁底立杆采用 $\phi48\times3.5$，型号为 Q235 钢管，钢管长细比 λ：

$$\lambda=\frac{l_0}{i}=\frac{1800}{15.8}=113.92$$

$\lambda=114$ 查规范得稳定系数 $\varphi=0.470$

计算所得模板支架临界失稳荷载 N_{cr}：

$$N_{cr}=\varphi\cdot f\cdot A=0.470\times205\times489=47.115\text{kN}$$

应用 ANSYS 有限元分析软件，对不同搭设高度的高支模模型进行特征值屈曲分析，分别得到各搭设高度下的临界失稳荷载以及失稳模态（第一阶失稳模态最接近实际失稳破坏下的变形情况），如图 9-8、图 9-9 所示。

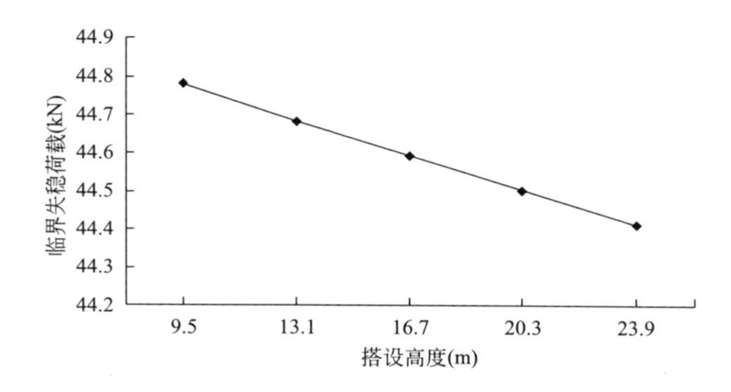

图 9-8　不同搭设高度高支模架体失稳荷载

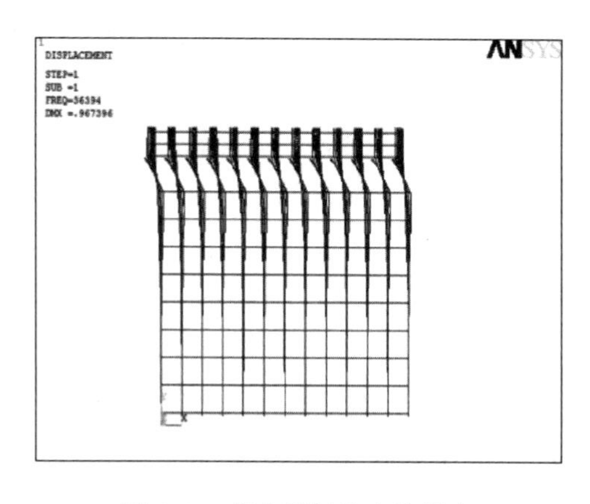

图 9-9　高支模架体失稳模态

从图 9-8 可以看出，随着搭设高度的增加，高支模架体的临界承载力呈接近直线下降趋势。当搭设高度从 9.5m 增加到 13.1m 时，高支模架体临界承载力由 44.78kN 下降到 44.683kN，降低了约 0.22%；当搭设高度从 13.1m 增加到 16.7m 时，高支模架体临界承载力由 44.683kN 下降到 44.592kN，降低了约 0.20%；当搭设高度从 16.7m 增加到 20.3m 时，高支模架体临界承载力由 44.592kN 下降到 44.503kN，降低了约 0.19%；当搭设高度从 20.3m 增加到 23.9m 时，高支模架体临界承载力由 44.503kN 下降到 44.415kN，降低了约 0.19%；可以看出临界承载力虽是下降趋势，但真正并没有降低太多。这说明搭设高度的增加会降低架体的稳定承载力，但并不显著。

对比计算所得失稳荷载与模拟所得失稳荷载，可以看出依据规范计算出的临界承载力比模拟所得的都要大些。这是由于规范中只考虑了最大步距，并不能很好地反应实际情况。但两者之间的误差并不是很大，未超过 6%，这说明高支模架体的模拟分析是可行的。

由图 9-9 高支模架体失稳模态可以发现，当发生失稳破坏时，中间大梁下立杆首先沿梁纵向产生非常大的侧移，整个架体重心严重偏移，高支模架体失去承载能力。

9.4 步距对高支模架体稳定承载力影响

应用 ANSYS 软件分别建立步距为 1.5m、1.6m、1.7m、1.8m 的有限元模型。为了排除搭设高度对高支模稳定性的影响，步距为 1.5m、1.6m 的模型选取相同搭设高度为 24.5m（搭设高度由两种步距的最小公倍数计算得出），步距为 1.7m、1.8m 的模型选取的搭设高度为 31.1m。对模型进行特征值屈曲分析得到高支模架体各步距下的稳定承载力，并与规范计算所得的失稳荷载加以比较，找出步距对高支模稳定性的影响规律。

从图 9-10 可以看出，当高支模体系步距变大时，架体的整体失稳承载力有着明显的降低。有限元分析中，在相同的搭设高度情况下，步距由 1.5m 增加到 1.6m 时，模板支架的失稳临界荷载由 56.54kN 降低到 51.973kN，下降了 8.1%；步距由 1.7m 增加到 1.8m 时，高支模架体的失稳临界荷载由 47.797kN 降低到 44.236kN，下降了 7.5%。这说明，当高支模架体搭设高度相同时，通过减小步距可以显著提升架体的稳定承载力。但应注意，由于减小步距会导致架体步数增加，增加了成本费用，所以在实际工程中应该权衡考虑。

比较失稳荷载模拟值与计算值，可以发现依据规范计算出的失稳荷载比模拟

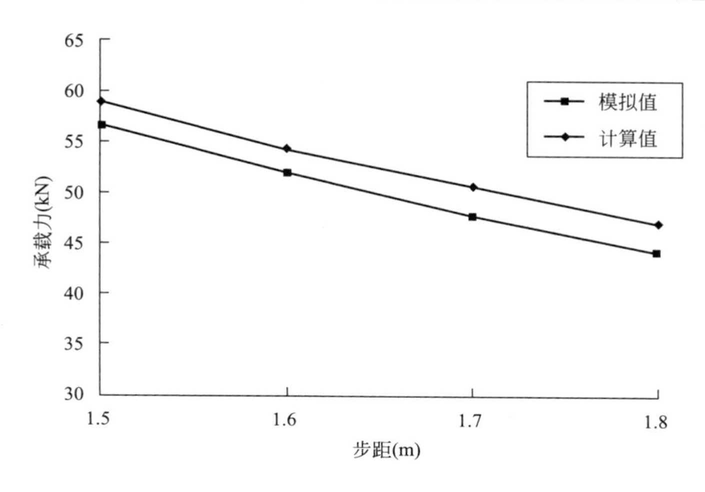

图 9-10　不同步距高支模架体失稳荷载

所得的失稳荷载都要大些，这表明计算中仅考虑最大步距会使计算所得的临界失稳荷载偏大，不是非常安全。但模拟值与计算值的误差范围都在 5% 以内。这说明通过有限元法分析模板支架稳定性是可行的，同时也证明了当搭设高度相同时，减小步距可以有效提高高支模架体的稳定性。

参考文献

[1] 中华人民共和国住房和城乡建设部. JGJ 130- 2011 建筑施工扣件式钢管脚手架安全技术规范 [S]. 北京：中国建筑工业出版社,2011.

[2] 中华人民共和国住房和城乡建设部. JGJ 162-2008 建筑施工模板安全技术规范 [S]. 北京：中国建筑工业出版社,2008.

[3] Liu Li，Wang Bo，Wang Juchao，et al. Analysis on impact of the node connection pattern for fastener-style steel pipe formwork support[J]. Applied Mechanics and Materials，2014,580-583：2224-2227.

[4] Liu Li, Wang Bo, Liu Yanan, et al. Analysis on lateral deformation of high-formwork in different column’s spacing of bridging[J]. Applied Mechanics and Materials，2014, 580-583：2228-2231.

[5] Liu Li, Wang Juchao, Wang Bo, et al. Research on influence of concrete pouring sequence on stability of high-formwork support system[J]. Applied Mechanics and Materials，2014, 580-583：2235-2238.

[6] Liu Li, Liu Yanan, Wang Bo, et al. Influence of bridging arrangement location on the mechanical characteristics of the high-formwork support system[J]. Applied Mechanics and Materials，2014, 580-583：2232-2234.

[7] Liu Li, Wang Fang, Wang Juchao. Influence of concrete pouring sequence on stability of different height high-formwork support system[J]. Advanced Materials Research, 2014, 838：227-230.

[8] Bian Guangsheng, Jia Qiang, Chen Anying, et al. Collapse accidents analysis and finite element simulation of fastener-style steel tubular high-formwork-support[J]. Applied Mechanics and Materials, 2011, 94-96：1818-1823.

[9] Ding Kewei, Chen Dong, Cui Jianhua, et al. Interaction of structure and high assembled formwork support system by time-varying model[C].2011 International Conference on Remote Sensing, Environment and Transportation Engineering. Nanjing：IEEE，2011：3232-3235.

[10] Zhou Yunchuan, Yang Jie, Luo Xiang，et al.Research upon Safety Management of steel tubular scaffold with couplers Formwork

Support[J]. Applied Mechanics and Materials, 2012,174-177: 3253-3257.

[11] Cai Xuefeng, Zhuang Jinping, Wu Jianliang, et al.Experiment research on vertical poles height differences effect of their force distribution in formwork support[J]. Advanced Materials Research, 2011, 368-373: 1638-1641.

[12] Chandrangsu T ,Rasmussen K J R. Investigation of geometric imperfections and joint stiffness of support scaffold systems[J]. Journal of Constructional Steel Research, 2011, 67(4): 576-584.

[13] 刘莉，王萌，吴金国．现浇混凝土模板体系可调支托伸出长度[J]. 沈阳建筑大学学报，2015,(3): 466-473.

[14] Serge T ,Jens V D M ,Niels V ,et al. Numerical simulation of formwork pressure while pumping self-compacting concrete bottom-up[J]. Engineering Structures,2014, (70): 218-233.

[15] Taehoon K ,Hyunsu L ,Ung-Kyun L, et al. Advanced formwork method integrated with a layout planning model for tall building construction[J].Canadian Journal of Civil Engineering,2012,39(11): 1173-1183.

[16] 刘德斌．扣件式高大模板支撑体系施工期安全风险评估[J]. 山东工商学院学报，2014, (5): 65-68.

[17] 刘莉，王博，吴金国，等．扣件式钢管模板支架可调支托试验[J]. 沈阳建筑大学学报，2015, (4): 680-688.

[18] 崔丽．混凝土结构扣件式钢管模板高支撑体系整体受力研究[J]. 江西建材，2014, （24）：95-96.

[19] 吴杨．扣件式钢管模板支架承载力理论分析与试验研究[D]. 合肥：合肥工业大学，2010.

[20] 吴远东．扣件式钢管高大模板支撑结构坍塌事故分析及预防措施[J]. 江苏建筑，2011, (144): 11-15.

[21] 姚旋．扣件式高大模板支架初始缺陷计算方法研究[D]. 重庆：重庆大学，2014.

[22] 占素敏．高大模板支撑体系的质量安全控制研究[D]. 合肥：合肥工业大学，2012.

[23] 罗为东．扣件式钢管高大模板支撑系统稳定性分析[J]. 建筑安全，2014, (2): 4-10.

[24] 蔡永田．脚手架及模板支撑架失稳倒塌事故分析[J]. 北京：中国新技术新产品，2010, (20): 1-3.

[25] 徐荣．扣件式钢管高大支模架关键构造措施的分析研究 [J]. 江苏建筑，2014，(165)：26-31.

[26] 谢晖．脚手架及模板系统坍塌事故原因分析及防治措施 [J]. 施工技术，2012，27(3)：68-69.

[27] 杜荣军．混凝土工程模板与支架技术 [M]. 北京：机械工业出版社，2004.

[28] 张健，蔡亮．构造措施对高支模支架体系力学性能的影响研究 [J]. 沈阳建筑大学学报，2011，27(4)：685-689.

[29] 蔡亮．扣件式钢管高支模体系力学性能研究 [D]. 沈阳：沈阳建筑大学，2013.

[30] 王金昌，陈页开．ABAQUS 在土木工程中的应用 [M]. 杭州：浙江大学出版社，2006.

[31] 王娜．混凝土结构高支撑模板体系有限元分析及施工关键技术研究 [D]. 安徽：安徽建筑工业学院，2013.

[32] 王秀英．扣件式钢管模板高支撑架事故分析和使用安全 [J]. 内蒙古农业大学学报，2012，33(2)：129-132.

[33] 张健，蔡亮，苗建伟．高支模真型试验的支架体系整体稳定性研究 [J]. 沈阳建筑大学学报，2011(4)：35-38.

[34] 汪东．扣件式钢管模板支架稳定承载力理论分析与试验研究 [D]. 天津：天津大学，2009.

[35] 王新敏．ANSYS 工程结构数值分析 [M]. 北京：人民交通出版社，2007.